ルリボシカミキリ。日本だけに生息する固有種。鮮やかな瑠璃色は死ぬと失われてしまうため、まさに生きた宝石といえる (P15)

美しき裏山の宝石たち

ハンミョウ。赤、青、緑などに光輝き、白紋が特徴的。お菓子のような甘い芳香を放つ。俊敏に動き回り、小型昆虫などを食べる。別名・道教え (P26)

オオミズアオ。翡翠色の翅は広げると 8 〜 12cmほどになる。触角も愛らしい。夜行性で成虫には口がなく、寿命はわずか 1 週間程度 (P34)

麗しき貴婦人たち

ウスケメクラチビゴミムシ。鍾乳石の上にいる姿は、さながら白磁の上の一滴の血 (P123)

ヘリグロホソハマキモドキ。金のビロードのような翅に刺繍のような模様が入る (P34)

ニシキキンカメムシ。緑を基調に、赤と黒の模様が入る。そのままブローチになりそうな鮮やかな姿だが、死ぬと変色してしまう (P33)

輝かしき貴公子たち

ツヤキベリアオゴミムシ。東日本の溜め池で発見。貴金属かと思うほどの輝きを放っていた。絶滅危惧種 (P25)

擬態せし忍びの者たち

花？ ハナカマキリ。緑の葉の上で〝花〟になりきって敵を欺き、餌のチョウなどをおびき寄せる（P85）

アリ？ クロオオアリ（左）は九州以北の日本各地で見られる。マレー半島で撮影したハエトリグモ（下）とカマキリの幼虫（左下）は鳥などの目をごまかすためアリとそっくりな姿だった。なお、このカマキリの成虫は、ごく普通の緑色のカマキリである（P44）

ハチ？

日本各地で見られるモンスズメバチ（左上）。ツマキトラカミキリ（右上）は山間の貯木場で撮影。キボシマルウンカ（左下）は悪臭を放つテントウムシを装っている（P74）　スカシバの一種（右下）はペルーにて撮影。日本のコスカシバに近縁と思われる（P35、74）

地衣類？

クロミドリシジミの幼虫（右）と樹幹に着生した地衣類（左）。確かに外見は似ているが……（P83）

匠の技を持つ職人たち

アズマキシダグモのオス。抱えている白いものは糸でぐるぐる巻きにした獲物。婚姻時のメスへの〝プレゼント〟にする(P53)

キタガミトビケラの巣。巣は柄で石に固定されており、巣口から幼虫の脚がのぞいている(P100)

カタツムリトビケラの巣。砂の粒子を集めて、右巻きの殻状の巣が作られる。直径約 2mm(P102)

〝通好みの渋さ〟が人気を集めるキリガの仲間。ミツボシキリガ（左）は、背中のミッキーマウス様の白い模様が特徴（P39）　ウスアオキリガ（右）は、薄い青緑の地に黒斑を散らした様が大理石を思わせる（P39、84）

侘び寂びの粋人たち

コホソクビゴミムシ。頭部と胸部は、江戸時代前期に流行した赤褐色「江戸茶色」をしている。ただし、趣きのある見た目とは裏腹に、「オナラ」はなかなか強烈で……（P27）

ツマグロカマキリモドキ。前脚と模様から「ハチとカマキリを合体させた新種!?」などと驚かれることもあるが、ヘビトンボの仲間に近い（P144）

珍奇なる〝見知らぬ者〟たち

キバネツノトンボ。トンボとチョウを混ぜたような風貌から「新種では？」と博物館に持ち込まれることも少なくない（P144）

著者が発見した新種のハネカクシ *Schedolimulus Komatsui*。2007年にタイで採ったもので、体長は約1mm。シロアリの巣内に住む（P165）

新潮文庫

昆虫学者はやめられない

小松貴著

新潮社版

11631

目次

まえがき……8
第一章　地味だとはいわせない
ゴミという名の宝物……20
今夜、密やかな止まり木で……31
アリは惜しみなく奪う……41
クモからの贈り物……51
冬の夜の秘めごと……59
第二章　捕まえるのは難しい
さあ、私たちの探索〈デート〉を始めましょう……72
とある虫たちの〝隠蔽目録〟……83
水中のカプセルルーム……94
清き流れの底に……107
白い洞窟の赤い一滴……118
飼うは易く育てるは難し……128
地底の叫び……134

第三章　新種をめぐる冒険
平凡と珍奇のあいだ……144
「新種」の名は……155
麗しのアリヅカコオロギ……167
第四章　裏山の隣人たち
カエルの歌を聞け……182
となりのカラス……192
振り返れば奴がいた……199
ヘビの福音……207
リスとの遭遇……217
この裏山の片隅で……228
あとがき……238
解説　ヤマザキマリ……240

口絵・本文写真／著者

昆虫学者はやめられない

まえがき

――昆虫学者とは職業ではない、生き方である――

田んぼと畑と名ばかりの小川に囲まれた、田舎臭いだけの町の借家に生まれた私は、家の周りで何も考えずに虫を追い回し、川で魚をすくい、カエルの合唱に耳を澄ませる子供だった。気づけば、あれから三十余年も経《た》ったのだが、今やっていることがあの頃と大差ないのは、どういう運命の巡り合わせだろうか。

私は幼稚園に上がるよりも前から、「将来お前は何になるんだ」と聞いてくる大人に対して、「虫の学者」のようなことを答え続けてきたと記憶している。他になれそうなものが思いつかなかったのと、実際にそうなりたいという思いを漠然とながらも持っていたからだろう。そして今、私は本当に昆虫学者を名乗って生きている。

しばしばテレビのニュースで「子供たちが将来なりたい職業○位に、学者・研究者がランクイン……」などと話題になるが、私は思うのである。そもそも昆虫学者とは、

「職業」なんぞではなく、「生き方」ではないのかと。

もちろん、どこかの大学やら研究所やらに雇われて、生業《なりわい》として研究業に携わる人々は少なからずいるから、職業といえば職業だ。しかし、普段は営業マンやら歌手やらシステムエンジニアやら僧侶やら、飯のタネとしての本業がある傍ら、余暇を使って研究業を行い、論文を書いている人だってたくさんいるのだ。殊《こと》に、昆虫にまつわる研究分野においては、アマチュアが研究者の大半を占めている状況にある。

さらに言えば、大きな組織に所属して生業として研究業に携わる場合、その研究のための資金は詰まるところ税金からまかなわれることが多い。だから、「これを解明すれば世間や人類のためにこれだけ役に立つ」という名目のあるもの以外は、なかなか研究しにくい。

例えば私は、長らく大学で、アリの巣に勝手に入り込んで一緒に暮らすアリヅカコオロギというけったいな虫の研究を「科研費」により行っていた。科研費とは、日本学術振興会から賦与《ふよ》される研究資金のことであり、審査も厳しく競争相手も多い。当然、「アリヅカコオロギが好きです」といった理由では審査に通らない。だから「何かの役に立つ」というお題目が必要なのだ。

ちなみにアリヅカコオロギは、アリの巣内で、アリが外からせっせと集めてきた餌《えさ》を横取りしたり、アリの卵を食いつぶして暮らす昆虫だ。アリの中には、悪名高いヒアリのように我々人類の生活の安寧を脅《おびや》かす種もいる。だから、アリヅカコオロギの生態を調べることにより、アリの防除に繋《つな》がる知見を得られるにちがいないというのが、私の考えた研究の「お題目」であった。

そのお題目によりみごと審査に通った私は、国の金でアリヅカコオロギの研究に携わる身分を獲得し、確かに順風満帆に研究を進めることができた。なにしろ私が本格的に始めるまで、日本ではアリヅカコオロギの生態などろくに研究されておらず、生態どころか、日本に何種いるかさえ定かではなかったのだから。

しかし、駆け出しの研究者であった私を助けてくれた科研費には、申請時にこういう目的で使いますと書いた用途以外には使ってはならない決まりがある。もともとは税金である以上は仕方のないことだが、これにより、研究の幅が狭められてしまうのだ。

例えばアリの巣には、アリヅカコオロギ以外にも多種多様な居候《いそうろう》生物がいて（これらを総称して好蟻性《こうぎせい》生物という）、生態がよくわかっていないものばかりだった。野山で地べたに這《は》いつくばってアリヅカコオロギを観察し続けていると、いやがうえにもそんな有象無象たちにまつわる学術的新知見も得られる。だが、それはアリヅカコオロギの研究ではない。だから、アリヅカコオロギ以外の生物についての発見を論文として発表する際には、自腹を切ってバカ高い論文投稿料を支払わねばならなかったりする（勘違いされやすいが、学術論文を書く行為自体に収入はない。むしろこっちが金を出さねばならないのだ）。まったくもって学者、研究者なんぞは自由なように見えて、「職業」にした途端、急にわずらわしくなってしまうのである。

これに対して「職業」から離れてみたらどうだろう。自分の好奇心のおもむくままに好き勝手にやる研究というのは、実に気楽でいい。何せ傍から見て、それがどれほど無意味かつ意義を感じないものであったとて、誰からも文句など言われないし、言われる筋合もない。「湖沼におけるバッキンガムカギアシゾウムシの潜水時間を調べる」だの、「洞窟《どうくつ》に住むケバネメクラチビゴミムシの背中に生える毛の数がなぜ個体毎《ごと》にバラつくのかを調べる」みたいな、それを知ったところで一体この世の誰が得をするのかもわからぬような研究であっても、自分が知りたいと思う限り、好きなように自由にできるのだ。

私はこの文庫が発刊される2022年7月時点で、とある地方の博物館に無給の研究員として籍を置かせてもらっている。少し前までは、東京の国立科学博物館で無給の研究員を務めていたが、「いてもいい期限」を満了したため、今に至る。

私はこれまで、様々な書籍出版ないし講演会の際に、肩書として「博物館の無給研究員」と名乗っていたが、今年からは「在野の研究者」と言うことにした。単にカッコ悪く思えてきたのと、それ以上に昆虫の研究は肩書などなくてもできる「生き方」であることを、世間に広く知らしめようと思うようになったからだ。わからないことをわかりたい、その好奇心を持つ限り、人は誰でも「昆虫学者」になれるのである。

しかし、自ら選んだ「生き方」とはいえ、時折「何で俺はこんな生き方をしているのだろうか」と、ふと我に返る瞬間がある。

小さな頃の私は、家の周りにあった石という石を片っ端から裏返して、石の下のアリの巣をいじるのを特に好む子供だった。その際、アリの巣の中にアリとは異なる姿の奇妙な虫が常にいることには気がついていたのだが、まさか20年後、よりによってその虫、アリヅカコオロギの研究をすることになるなんて想像だにしなかった。

全《すべ》ては、大学4年生の卒業研究テーマを決める時だった。それまでの私は、取り立てて大きな波風を立てることなく人生を歩んできた。もしもあの時、アリヅカコオロギなどという、わけのわからない虫を研究材料に選ばず、別の適当な生き物を研究対象にしていれば、私は機械的に大学を卒業し、今ごろはきわめて「安心・安全」な公務員にでもなっていたのだろう（果たしてそれが幸せな人生だったかはわからないが）。

だがあの時、舵《かじ》は大きく切られたのだ。一度進んだら二度と戻れない魔の海域、その向こうにあるかも知れない伝説の黄金郷（エル・ドラード）に向けて——。

大学院生の時に助言を求めた専門家から、私は「奇人」という称号を与えられてしまった。私の、野外で発見困難な虫を探し出す能力とそれ以外の八百万《やおよろず》の事柄に対する無頓着《むとんちゃく》さゆえだという。私はそれまで、自分の振る舞いを至極模範的なものだと思って生きてきたので、ひどく意外に感じたものだったが、結果としてその称号は私の初めての著作『裏山の奇人——野にたゆたう博物学』（東海大学出版部）に結実した。

大学院への進学後、昆虫学者としての道を本格的に歩き始めてから、私の人生は安全とか安定とか、そういうこととは程遠いものに変わり果ててしまった。アリの巣をほじくるためだけに、海外旅行に行くようになった。いつ後ろから刺されるかもわからないような治安の悪い都市、いつ後ろから猛獣に食われるかもわからないようなサバンナに密林。熱帯の伝染病に倒れて、走馬燈《そうまとう》を見る程度には死を覚悟したこともあった。帰国当日に、帰りの飛行機が航空会社のストライキで飛ばなくなったばかりか、無責任な旅行代理店に見捨てられ、結果ロボコップも裸足《はだし》で逃げるような犯罪都市に、たった一人閉じこめられたこともあった。

しかし、そんな目に遭おうとも、私の心はどこかで幸せを感じていた。幼い頃、ため息をつきながら眺めた昆虫図鑑に載っていた、コーカサスオオカブト、アカエリトリバネアゲハ、ハナカマキリなど美しくて格好いい外国の昆虫たち。その生きた「本物」に、町中のペットショップでも人工の温室内でもなく、本来彼らのあるべき場所で出会うことができたのだから。

それだけではない。図鑑にも載っていない、未知なる新種の昆虫たちにも、次々に出会えた。もっとも、その新種というのはどれもハナクソほどの大きさしかない、たいそうしょぼくれたものばかりで、格好いいクワガタや、綺麗《きれい》なチョウの新種なんか一種たりともいない。

でもいいのだ。見つけたものが派手かどうかなど、昆虫学者にとっては些末《さまつ》な問題にすぎない。この世で最初に、俺様がそれを見つけた。それが新種であることに、世界の誰よりも先に俺様が気づけたという事実それ自体が、何よりの誇りなのだ。

私の周囲の昆虫学者の中には、海外の虫の珍奇さ・新奇さにあてられ、もはや日本の虫では面白みを感じられなくなってしまった、と嘆く者がいる。でも、私は海外で虫と触れ合うほどに、無性に日本の虫に対する恋しさにも似た情念が高ぶってくる。アフリカのサバンナを歩きながら、長野の裏山に住むルリボシカミキリ（口絵）のことを懐《なつ》かしんでいる。今の昆虫学者としての私を形作ったのは、日本の本州のどこにでもあるような何の変哲もない裏山、そしてそこに住む生き物だ。

私はなぜここまで、日本の裏山に心惹《ひ》かれるのだろうか。それは、これまでの研究者人生が大きく関わっている。

２００１年に長野県松本市にある信州大学に入学し、それまで住んでいた埼玉の地方都市から山国へと移り住んだ。当時、大学の周囲には娯楽施設など皆無に等しく、ひたすら山と川しかなかった。もともとあらゆる生き物が好きだった私は、空き時間を利用して大学の裏山へと向かい、そこに息づくいろんな虫を採ったり観察したりするのが日課となっていった。そして、長野で暮らした13年の間に、私は大学の裏手の一見して凡庸な雑木林の山で、たくさんの素敵な虫たちに出会ったのだった。シロアリを暴食して、卵から瞬時に蛹《さなぎ》へと育ってしまうカゲロウやら、アリの行列を辿《たど》っていき、餌場へと導いてもらう毛虫やら……どいつもこいつも想像を絶するような生き方をしていた。

2014年に長野を巣立った私は、福岡の九州大学で研究を続けることになる。もちろん九州の裏山でも、たくさんの出会いが待っていた。自分と同じくらいの大きさの凶暴なアリの攻撃をかわして反撃し、見事に仕留める米粒ほどのクモなんてものも発見した。家から歩いて行ける距離の、普段見慣れた景色の中には、小さきものたちの織りなす我々の知らない世界が、まだまだ広がっていた。そう、新発見をするのに、遠く海外にまで行く必要はない。私は一生、そんな裏山に魅了されたまま生きていくのだ。

本書は、幼い日に昆虫学者になることを夢見た子供の頃の思い出、そしてその子供が大人になり、やがて昆虫学者としての生き方を選ぶようになるまでをつづったものである。そして、昆虫学者としての生き方を選んだ私の研究対象は、もはや専門であるアリヅカコオロギにとどまらない。身の回りにいるすべての虫、生き物が私の研究対象となるのだ。

なお、本書でいう「裏山」は、必ずしも山（mountain）を表さない。家のすぐ側《そば》にある、生き物たちの息づく場所、つまり公園や河川敷など、至るところが私にとっての「裏山」である。本書を通し、みなさんのすぐ近くにある普段は気づかない「裏山」の魅力の一端を感じ取っていただければ幸いである。では早速、とっておきの裏山へとご案内しよう。

第一章　地味だとはいわせない

ゴミという名の宝物

どんなによいものでも、名前のせいで損をしているものは世の中にたくさんある。長野県にある別所《べっしょ》温泉という観光地は、本当はとても素晴らしい場所なのだが、「わかれどころ」とも読める地名のため、カップルからは嫌がられているという話をどこかで聞いたことがある。実際には味の良いバフンウニも、その名前のイメージから敬遠する人がいるようだ。昆虫の世界でも、それは変わらない。

たとえば、世の中においてゴミムシほど、名前は聞いたことがあってもその実態が理解されていない虫もそうそういないであろう。名前からしてろくなイメージを持たれておらず、しばしばテレビのドラマやアニメで「このゴミムシ野郎!」のような罵《ば》詈《り》雑言《ぞうごん》が使われることもある(覚えている限りでは、ドラゴンボールZでギニュー特戦隊の一員がやたらゴミムシを連呼していたような気がする)。しかし、そんな世間の一般人の中で、ゴミムシがどんな虫かを正確に認知している者がどれくらいいるのだろうか。多分、ゴキブリとほとんど区別していないのではなかろうか。関係ないかもしれないが、ゴミムシとともにベンジョムシという罵詈雑言も世の中に散見される。

このベンジョムシというのは、一体何の虫を意味するワードなのか、私はずっと疑問に思っている。私は死肉に集まる甲虫、オオヒラタシデムシの幼虫（摑《つか》むと掃除していない夏の公衆便所のような臭《にお》いを発する）のことを指すのだと幼い頃から信じていたが、どうやらそうではないらしい。人によっては、田舎の木造建築内の便所によく侵入してくるワラジムシ、あるいはカマドウマのことをベンジョムシと呼んでいる。将来、暇を持て余してどうしようもない状況に陥ったら、全国ベンジョムシ行脚《あんぎゃ》をして、地域によりベンジョムシがどんな虫のことを指すのかという民俗学的な調査でもしたいと思っている。

ゴミムシに話を戻すと、ゴミムシは間違ってもゴキブリの親戚ではなく、カブトムシやテントウムシなどと同じ甲虫の仲間である。正確にはオサムシ科と呼ばれる分類群に含まれるもので、世界に20000種以上も知られている。甲虫の仲間の中でも、非常に多くの種を含むグループといえる。日本からはそのうち1000種以上が見つかっているようだが、毎年のように新種が見つかっているため、実際の種数は国内外ともにさらに多くなるだろう。ゴミムシの仲間は地表で生活する種が多く、また肉食性が強い。中には巻貝しか食わない（カタキバゴミムシ類など）とか、カエルしか食わない（オオキベリアオゴミムシ［幼虫］）とか、妙な偏食性を示すものも少なくない。多くの種は、原則として乾燥にあまり強くないのと、餌《えさ》となる小動物が多い場所を好む関係で、大抵は少し湿り気のある石の下や水辺に打ち上げられた堆積物《たいせきぶつ》の下で見つかる。ゴミムシのゴミというのは、現代人が想像する生ゴミや粗大ゴミではなく、野外で自然に堆積した役に立たない物体のことなのだと思われる。ただ、とにかく種数の多い分類群ゆえ、その生活スタイルは種により千差万別だ。木の上で生活するものもいるし、水気のない砂漠地帯に生息するものもいる。後から述べるように、日の射《さ》さない洞窟《どうくつ》などの地下に生息するものだってたくさん知られている。

日本に分布するゴミムシの仲間は、全体的に1センチメートル以下の小型種が大半を占めている。しかし、中には2〜3センチメートル以上の大型種もおり（カブトムシやクワガタに比べたら2〜3センチメートルでもまだ小さいじゃないか、と思われるかもしれないが、少なくとも日本の甲虫で2〜3センチメートルもあれば、かなり大きな部類と呼んでいい）、そんな大型のゴミムシ類は「オサムシ」と呼ばれている。オサムシは種数がそこそこ多いが、（どういうわけか寒冷な地域を中心に）体がメタリックな緑や赤の美麗種が少なからずおり、黒くて地味な種でも背中に複雑な彫刻が施されていたりする。さらに、彼らの多くは飛べないため、ある限られた地域にしか分布しない珍種・珍亜種が多い。そうしたことから、この仲間を専門に集めている虫マニアは想像以上に世の中に多いのだ。例えば、マイマイカブリという有名なオサムシがいて、日本国内では大して騒ぐほど珍しくもない虫だが、この虫は世界で日本にしか分布しないため、海外の虫マニアにとっては垂涎《すいぜん》の的らしい。日本国内の虫マニアにも、地域により微妙に形態や色ツヤが異なるこの虫を嬉々《きき》として集める者が多い。なお、漫画家の手塚治虫《てづかおさむ》はこのオサムシの仲間が好きだったことから、その名にちなんでペンネームを付けたという（本名は治）。もし彼がオサムシだけでなくゴミムシ全般を好きで、手塚ゴミ虫と名乗っていたならば、今日の世間でのゴミムシの扱いはもう少しマシになったのだろうか。いや、いくら何でもそれはないだろうな。

そもそも、この仲間の甲虫に誰が最初にゴミムシなどという名前を付けたのかは知らないが、せめてもう少しいい名前を思いつかなかったのだろうか。オサムシ・ゴミムシの仲間は、しばしば漢字で「歩行虫」と表現される。ならば、普通にアルキムシとかハシリムシでよかったはずなのに、といつも思う。

日本においてオサムシ類を除くゴミムシ類は、昔はさほど人気のある分類群ではなかった。小さいし、ぱっと見は黒い種ばかりで見栄《みば》えがよくないため、コレクション性が低いと思われていたからだ。しかし、今ではむしろそうした大型種とは呼べないゴミムシ類を熱烈に集める虫マニアも多くなってきた。オサムシ同様、よく見ると金属的で美しい種も結構いるし、見た目は地味でも非常に珍しく、捕えるのが難しい種も多い。中にはその行為の是非はともかく、ネットオークションでかなりの高値で売買されているような珍種もいる。もし虫に興味のない一般人が、家の窓枠で干からびて死んでいるゴキブリの幼虫と見た目に何ら変わらないような虫の死体を、数千円・数万円で売り買いしている連中の様を見たならば、正気の沙汰《さた》とは思わないだろう。ともあれ、今やゴミムシは虫マニアの間に限っては、人気大沸騰中《だいふっとうちゅう》の分類群なのである。

かくいう私も、最近そんなゴミムシ沼にはまりつつある。中でも特に気になっている仲間の一つが、アオゴミムシ類だ。アオゴミムシ類は、名前の通り青緑色を基調とした色彩の種が多いゴミムシの一群で、水田や池の周りなどの湿地で高頻度で見出《みいだ》される。ゴミムシの仲間は危険を感じると異臭を放って敵を遠ざけるが、アオゴミムシ類は俗に「クレゾール臭」と称される、まるで正露丸のような薬品臭を出す。幼い頃、私はこの特徴的な異臭を放つアオゴミムシ類を好まなかった。しかし、今はむしろこの臭いが嗅《か》ぎたくて仕方なく、しばらく嗅がないでいると禁断症状が現れるまでに至っている。

平地の湿地に住むアオゴミムシ類の仲間は、近年その生息環境が宅地開発などで急速に失われ、いくつかの種では既に見ることすら難しくなっている。あまりにも数が減りすぎて滅多に見つからず、私が実在そのものを疑わしく思っているのが、ツヤキベリアオゴミムシ（口絵）だ。この種は全身がメタリックグリーンの美麗種で、もともと少なかったところに輪をかけて最近特に姿を見るのが至難とされている。

美しさに、希少価値が加わると、多くの虫マニア達はこぞってこの虫を採ろうとする。アオゴミムシ類を欲するマニアは、主に冬にこの虫を探す場合が多い。冬になると、この虫の仲間は池や湿地や水田脇《わき》の土手に集団で穴を掘って冬眠するため、うまく掘り当てれば同様の環境に住む副産物のゴミムシ類を含め、ごっそり採れるのだ。それ故《ゆえ》、乱獲やら、産地の地面がまるごとマニアに掘り返されて生息地が破壊されるといった問題が出てくるわけだが……。かってその筋で有名だった関東の某池では、明らかに先人らのそうした所業のせいで珍しいアオゴミムシがいなくなってしまった。

私はなるべく生息環境を荒らしたくないので、夏の夜に懐中電灯で地面を照らし直《じか》に目で探すという、きわめて効率の悪い方法でこの手のゴミムシを探すよう心掛けている。これから未来の昆虫学を背負って立つ若人《わこうど》らが、私亡《な》き後も採集を楽しめるように、そして私が既に先人らに対してそう思っているように、彼らの世代から「てめーらの代のせいで虫が採れなくなったじゃねーかよこの老害共」などと恨みを買わないためにである。それ故、私は未《いま》だにツヤキベリアオゴミムシを発見できずにいる（と言いつつ本稿執筆後に見つけてしまった）。

アオゴミムシ類はクレゾール臭を放つと書いたが、ゴミムシの仲間が敵に捕まった際に放つ臭いの傾向は、分類群ごとに結構異なる。アトキリゴミムシの仲間は強烈な酢酸臭を放つし、オサムシの仲間、特にマイマイカブリあたりは動物質の腐敗したような臭いに思える。おおむね共通して言えるのは、心地よい香りでは決してないこと、そして一度臭い成分が手などにつくと、洗っても容易に落ちないことである。他方、同じオサムシ科の範疇《はんちゅう》にあるハンミョウ類（口絵）はまるでお菓子のような甘ったるい香りを放ち、私はこの香りが結構好きだったりする。

ヘッピリ虫の俗称で有名なミイデラゴミムシは、外敵の脅威を感じると、複雑な化学反応を起こす二つの成分を酵素と共に放出し、小規模な爆発現象を誘発する。この際、パスッという大きな音とともに白い煙が虫の尻《しり》から立ち上る様は、まるでオモチャのようで面白い。しかしこの爆発の瞬間、ごく短時間ながら噴射された気体が極め

ミイデラゴミムシ。主にケラの多い、平地の水田や湿地に住む。

て高温となり、一説では100度近くにまでなるという。私はまだ試したことがないが、指でこの虫をつまんだ時にこの爆発に直に触れると、一瞬熱く感じるらしい。さらに、この爆発により放たれた化学物質は、動物の皮膚を侵す性質があるため、直撃を受けた皮膚は変色してしばらく元に戻らない。場合によっては炎症を起こすこともあるため、たかがオナラなどと見くびれない。立派な化学兵器なのだ。ミイデラゴミムシを含むホソクビゴミムシ亜科のゴミムシ類は、基本的に皆この化学兵器を搭載している。

川べりの石下に生息するコホソクビゴミムシ（口絵）は、体長1センチメートル前後の小型種だが、いじると大型のミイデラゴミムシにも劣らぬ盛大な屁《へ》を発射する。しかも、この虫の放った屁は、他の近縁種のそれと比べて長時間モヤモヤと虫の頭上に残り続けるような気がする。西遊記の、孫悟空が觔斗《きんと》雲《うん》に乗って空を飛ぶという話はこの虫の生態に着想を得たのでは、と私は勝手に思っているが、中国にこの虫がいるかどうかは知らない。

　ホソクビゴミムシ亜科のゴミムシには、生態的に見て大きな謎《なぞ》がある。幼虫期の生態がほとんどの種において判明していないのだ。日本では唯一《ゆいいつ》ミイデラゴミムシにおいて克明に調べられており、それによると彼らは幼虫期、地中に産みつけられたケラの卵塊を探し出し、それを食べて成長するという。海外ではミズスマシなどの甲虫の卵を食べるなどという種も知られているようで、かなり特殊な食性を示すものが多いと推測されるのだが……。先述のコホソクビゴミムシなど、虫そのものは日本各地の河川敷で普通に見られる種であるにもかかわらず、幼虫期の生態は一切分かっていないし、誰も調べようとはしていない。今日、なお大いなる謎を内に秘めた分類群であることも、ゴミムシの魅力かもしれない。

　謎といえば、アリスアトキリゴミムシという種に触れないわけにはいくまい。主に開けた湿地や河川敷に生息するこの1センチメートル程度の赤い甲虫は、不思議なことにアリの巣内で生活すると言われている。そのため世間では、アリの巣に寄生する好蟻性昆虫《こうぎせい》の一つと考えられており、私も対外的にはこの虫がアリと関わり合いの深い生態を持つと言うことにしている。

しかし私は、好蟻性昆虫の専門家として正直まだ首の皮一枚のところで、この虫が本当にアリと関係した生物であるかどうか疑っている。なぜなら、この虫の採集例の大半は、寒冷期に石の下のアリの巣部屋で越冬中の個体だからだ。冬はアリもほとんど動かず休眠しているため、そこにアリではない虫が入り込んでも温暖期ほど手ひどくアリから攻撃されて追い払われたりしない。たまたまアリのいるような環境にいて、たまたまアリの巣に入って追い出されずに居ついているだけじゃないのか、とも思える。また、アリの気配が全くない石の下で見つかるケースもあり、アリとの関係は実はけっこう希薄なのではとも勘ぐってしまう。一応、過去には温暖期の夜中に地表のアリの行列に沿って歩いてくる個体が観察されたという例も、わずかながら報告されている。しかし、温暖期の彼らの振る舞いがいかなるものか、さらに多くの観察例数を重ねてからでも、これが本当に好蟻性か否《いな》かを判断するのは遅くないように思う。

ただし、この虫を夏に観察するのは容易ではない。この虫が住む河川敷環境は、夏には草茫々《ぼうぼう》になるため、夜中に地べたを這《は》うアリの行列を観察することなどできなくなってしまう。しかも、この虫はそもそもかなり珍しい種であるため、生息が確認されている場所に行って探したとて見つけることもままならない。さらに、防災の観点から河川敷環境が護岸され、あるいはメガソーラー建設などで埋め立てられている昨今、この不思議の国のアリスちゃんに出会うのは、従来にも増して困難になってきているのだ。

アリスアトキリゴミムシは、現在では環境省のレッドデータブックに記載されるほどの希少種になってしまった。ドードー鳥の如《ごと》く、この愛すべき珍虫が本当に不思議の国の住人になってしまわないことを、願わずにはいられない。

今夜、密やかな止まり木《バー》で

世の中には、虫を採って集めることを趣味とする者達が思いのほかたくさんいて、彼らを虫マニアとか虫屋などと呼んだり、あるいは自ら名乗ったりしている。かくいう私もそんな虫マニアの一員である。だいたい、いい年して嬉々として虫を集めているような者が、そのように呼ばれるケースが多いようだ。しかし、日本人ならば誰でも幼い頃、夏休みに虫採り網片手に野や山へと繰り出したことくらいはあると思う。成長していくに従い、他のことに興味が移ったり、もしくは何らかの理由によって突然虫を生理的に受け付けなくなったりして、一人二人と「昆虫少年・少女」を卒業していく。そんな中、そうした数々の篩《ふるい》から落とされることなくしがみついていた者だけが、さらに虫の世界により深く、より救いようもないレベルまではまり込んでいくのである。

虫にはまり出した頃は、誰もがカブト・クワガタやチョウなど、大きい上に見栄えもよく、色彩の派手なものばかりを一生懸命集めようとするものである。現に私も、子供時代の単なる虫採り遊びから、趣味としての昆虫採集へと「脱皮」した直後くらいは、ほとんどチョウばかり集めていた気がする。しかし、だんだん時間が経《た》つにつれて、それらでは満足がいかなくなる。なぜなら「メジャー」な虫の仲間というのは、だいたいどこの虫マニアもみな熱烈に集めているため、周りの人と同じことをし続ける作業にだんだん飽きてくるのだ。そもそも、虫マニアには周りの一般人とは違うことに無上の喜びを感じる者が多い。

また、「メジャー虫」は、日本国内で集められる種数が比較的限られる。例えば日本国内ではカブトムシの仲間など5種ぽっちしかいない。クワガタもせいぜい50種前後。チョウは２５０～３００種くらいといったところか（毎年、台風で吹き飛ばされるなどして外国産のチョウが日本に飛来したりしなかったりするため、何種であると断定的に言うことができない）。

虫になど興味のない人ならば、３００種なんてずいぶんたくさんいるじゃないかと思われるかもしれないが、虫でこのくらいの種数だと、シャカリキこいて2～3年くらい日本中をすっ飛んで回れば9割方はコンプリートできてしまうような数である。

もちろん、それらの中には「天然記念物」やら「種の保存法」やらで保護されていて、勝手に捕まえると自分が警察に捕まるようなものもいるため、全種コンプリートというのは実質不可能である。そのため、その分類群全体の9割を集めたら、もう日本国内では集めるものがなくなってしまうのだ。人によっては、財力に物を言わせて、外国産のカブト・クワガタやチョウを標本商から買い漁《あさ》ったり、あるいは自ら海外へと遠征し、それらを集めるという方向へ走る。しかし、大抵の虫マニアにはそんな経済的な余裕はないため、別の方向へ進むことになる。すなわち、日本にいながら誰も集めたがらないような、地味でマイナーな分類群の虫を集め出すのである。

たとえばカメムシ。世間ではカメムシといったら、ただ臭くて不愉快な虫というイメージしかない。農作物を管理している立場の人ならば、それらを枯らす憎き害虫というイメージを持っているかもしれない。しかし、実際のところカメムシの仲間全体の内で、人間との軋轢《あつれき》を生んでいる種など微々たるもので、大抵の種は人間の目につかないようなところでひっそり生きている。そして、樹皮の下や草原の茂みの奥など、人間がわざわざ見ようとも思わない環境に生息する種を中心に、今でも新種がたくさん見つかる。しかも深山幽谷のようなところだけではなく、近所の公園のような場所でさえ、である。だから形態の珍奇なものも少なくないカメムシ（口絵）の魅力に取り憑《つ》かれる虫マニアが、ここ数年、少しずつだが増えてきている。もちろん彼らは専門の研究者ばかりではない。あくまでも高踏なる趣味として、カメムシを捕まえる人も少なからずいるのである。

ガも同じだ。ガはチョウに似てはいるものの、日本では長らく人気のない分類群だった。しかし、近年ではガの美しさと愛らしさ（口絵）に目覚め、これらを積極的に集める若手の虫マニアがカメムシマニア同様、いやそれ以上に急増している。中には虫マニアの縄張り外でも、美術的な側面からガに着目し、これを題材とした絵画、彫刻、陶芸などを作るような人々さえ現れ始めてきた。

私が思うに、ガの魅力は第一に多様性のすさまじさだと思う。日本だけでもチョウの10倍以上の種数（4000種以上）は余裕でいるし、さらには毎年新種がポンポン見つかっており、最終的に何種この国にガが生息しているのか、まだ判然としない状況にもある。つまりは、長きにわたってお付き合いできる対象なわけである（逆に、いくら集めても終わりが見えないことに嫌気を感じる人は敬遠する分類群でもある）。と同時にガには、さらに虫マニア達を魅了する要素がある。それが「一筋縄ではいかない」感である。

あくまでも日本に限った話だが、チョウの場合どんな種であろうと、だいたいその発生時期に生息地まで出向き、日中適当に駆けずり回れば採れるのが普通である。ところが、ガはそうはいかない。ガのほとんどはチョウと違って夜行性のため夜探さないといけないのだが、暗闇の中駆けずり回っても、小さなガを集めるのはなかなか困難であるし、そもそもアブない。あまりにアブないので、ガを集めたい人は夜中に灯りをつける。山間部の見晴らしの良い丘の上まで、発電機と白い布を担《かつ》いで持っていく。そして、白い布に煌々《こうこう》と灯りを照らす。この灯りというのもいろんな種類があり、昔はアセチレンランプなどというものを使ったようだが、今では水銀灯や紫外線を放つブラックライトが主流のようだ。灯りにより、周囲にいたたくさんのガがまっしぐらに白布に集まってきて止まる。これをひたすら回収していく、というのがガ採集のスタンダードなやり方である。最近では携帯できるリチウムバッテリーが普及し、重たい発電機を運ばなくてもいいようになってきた。

なんだ、向こうから採集対象が集まってくるならばチョウより採集が楽じゃないか、と思うなかれ。ガの中には、灯りに寄ってこない種がたくさんいるのだ。言ってみるならば、灯りをつければすぐ飛んでくるような種のガは、誰でも採れる「駄物」ばかり。その他さまざまな小道具と、人類の叡智《えいち》を結集しないと、珍しい種は採れない。

外見がハチそっくりな、スカシバ（口絵）というガの仲間がいる。日中活動する仲間のため、夜間灯りでおびき寄せようとしても採れない（来ることもあるが、偶然である）。この仲間は、繁殖のためにメスが特殊なフェロモンを放出し、オスを呼び寄せる。そのため、この仲間のガを採集するには化学的に合成したフェロモン剤というクスリを使う。いくつかの薬剤を絶妙な割合で調合して小さな紙切れにしみこませ、風通しの良い場所に吊《つ》り下げると、スカシバを呼び寄せることができるのだ。ただし、スカシバのフェロモンの成分は種により若干異なるようで、ある種のスカシバには通用する成分組成のフェロモン剤が、別の種には効かないケースもある。いろんな成分組成を調合して試さねばならないのだ。また、このやり方ではオスの個体しか集められないという致命的な欠点もある。メスを採りたければ、野外で幼虫を探してきて家で飼育し、羽化させるという面倒な作業にまで手を染めなければならない。スカシバの仲間は、生きた植物の幹や茎の内部に空洞を作ってそこに納まり、植物の組織を内側から食っている。だから、その幼虫の食草を野外で探し、茎の一部が不自然に膨らんでいる部分を刈り取って持ち帰るのである。ただし、食草が判明していない種もいるため、それらの採集は本当に偶然に頼るほかない。

フェロモンではなく、餌を使う方法もある。それが一番効力を発揮するのは、晩秋から早春にかけて活動するキリガ類に対してだ。キリガ類は、翅《はね》を広げた大きさがせいぜい3〜4センチメートルくらいの大きさで、日本には分かっているだけでも10種ほどいる。最近ではこのキリガ類だけを集めた豪華な図鑑も出版され、一部のマニアの間では爆発的?に売れていると聞く。

キリガの仲間は全体的によく似通った生活史を持っており、秋口に羽化した成虫はそのままほとんど活動せずに、落ち葉の下や樹皮の隙間《すきま》などで越冬する。翌年の早春から活動を始め、交尾・産卵を行ったあと成虫は速やかに死ぬ。種々の樹木の幹に産みつけられた卵はやがて孵化《ふか》し、幼虫は新緑の柔らかい葉を餌にみるみる成長していく。そして、盛夏の前に木から降りて地中で蛹《さなぎ》となり、秋の羽化を待つ、といった感じである。

早春の日没後、キリガは配偶者を求めて闇夜の森を活発に飛び回る。その途中、腐り落ちた果実や、樹幹からわずかにしみ出た樹液をすすって、幾ばくかのエネルギーを補給する。腐った果物も樹液も、アルコール発酵したものであるため、彼らはアルコール臭を放つものにはとりあえず向かっていく習性がある。しばしば、山あいの集落にある地蔵様や墓に供えられている焼酎《しょうちゅう》ワンカップに飛び込んで事切れているキリガを見かけるほどだ。この習性を利用しない手はない。

学生時代、私が信州に住んでいた頃、毎年3月上旬くらいに必ずやっていたのが、

「召喚の儀」で集まったキリガの群れ。

キリガ「召喚の儀」である。晴れた日の日暮れ前、あらかじめ買い込んでおいた安物の焼酎とカルピスを持って、なじみの裏山へ向かう。林内で手ごろな大木を見つけたら、その幹に勢いよく焼酎をぶっかける。その後、上から適量のカルピスをかけておき、一旦《いったん》帰る。そして夜の8時過ぎくらいになったら、再びそこへ行く。すると大木の前に立った私の目の前には、にわかには信じられないような光景が広がっているのだ。まだコートを羽織らないと凍えるような寒さの中、焼酎とカルピスがぶっかけられた樹幹を覆《おお》い尽くすかのように、何十匹ものガが群がっているのだ。いったい、日中どこにこれだけの数のガが隠れていたのか、と思うほどの数の多さ。キリガは全般的に、灯りに誘引される性質が強くないため、灯火採集ではあまり数多くの個体を確認できない。しかし、同じ場所で酒を使うと、信じがたいほどの個体数を誘引することができるのである。

キリガの仲間は、どれも煌《きら》びやかではないものの、しっかりと観察すると、渋い美しさをたたえていることが分かる。まるで侘《わ》び茶の世界の住人のようでもある。全身オレンジ色で、翅にぼやけた斑紋《はんもん》のあるホシオビキリガに、茶色と白のさざ波模様が美しいマツキリガ。ミッキーマウス様の白い三ツ星を背負ったミツボシキリガ（口絵）、薄い青緑の地に黒斑を散らしたさまが大理石を思わせる、上品なウスアオキリガ（口絵）も来る。ひときわ大きくて、翅に模様らしい模様のないイチゴキリガは、ド普通種ながら酒でおびき寄せる以外の方法で姿を見るのが困難な種である。

虫をおびき寄せるために虫マニアがしばしば用いる、こうした酒と砂糖水の混合物を「糖蜜《とうみつ》」と呼ぶ。酒100％だと、飛来したガは短時間でまたよそへ飛んでいってしまうため、少しでも長く引き止めるために糖分を混ぜなければならないのだ。

糖蜜の材料は、各人がいろいろ工夫しており、中には門外不出の秘密の成分を混ぜる者もいる。私も、ここには決して書けないが某薬品を糖蜜に混ぜたところ、単に酒と糖分を混ぜただけの時とは比べ物にならないほどの成果を上げている。とはいえ、もっとも基本かつ重要なことは酒と糖分の配合の比率だ。キリガしか来ない寒冷期だったらまだいいが、少し暖かくなるとアリの群れが先に糖蜜を嗅ぎ付け、群がってくる。アリに占拠されてしまうと、他の虫がほとんど来なくなってしまうため、糖分の割合を減らす必要がある。しかし、減らしすぎるとアリは来なくなるが、目的のガも来なくなってしまう。自分が目的としている種の虫にとって一番の酒と糖分の配合比率を、試行錯誤の末に見出していく。それが、糖蜜採集の醍醐味《だいごみ》である。

厳寒の森の酒場に飛来したキリガ達は、どれも乱痴気騒ぎなど起こさない。もの静かに口吻《こうふん》を伸ばし、酒をすする様は、渋い模様の翅と相俟《あいま》って、カウンターバーに寄り掛るロマンスグレーの紳士を思わせる。ここは高貴な者達だけが集うことを許される、秘密の夜の社交場だ。私も彼らに礼を失することのなきよう、持参したワンカップを密《ひそ》かに開けて、彼らと一緒にちびちび飲む。景気はどうだい？　と心で語りかける。裏山の宴は、静寂の中。

アリは惜しみなく奪う

私はテレビの時代劇が割と好きな方で、特に中学高校の頃にはかなり積極的に視聴するという、たいそう老《ふ》けた趣味を持っていた。中でも、水戸黄門は一番推しだった。

水戸黄門という番組は、実に不思議である。毎回話の中身が全部同じで、違うのは話の舞台地とサブキャラくらいなのに、あれだけウン十年と続いた長寿番組なのだから。冒頭で悪い奴《やつ》が町人いびりをしていて、それを見た黄門様らが正体隠して何か余計なことをして、番組終盤に入ったらスケさんとカクさんが暴れて悪が成敗されてめでたし、というテンプレート的な流れを、番組創始以降千回以上も繰り返しているのに、見ていて全く飽きがこない。全くもって謎だった。

水戸黄門には他にも謎がある。あの、番組最後で黄門様らに「厳しき御沙汰、覚悟しておれ」とシバかれひれ伏させられた悪人共は、あのあと本当に厳しい沙汰を受けているのだろうか。実はあのあと悪人共は、目を離した隙に黒い権力によって秘密裏に裏口から逃がされており、黄門様らがいなくなったのを見計らい戻ってきて、再び町人いびりの悪行三昧《ざんまい》を始めているのではなかろうか。でなければ、70年代頃から始まって以来2011年まで、毎シリーズ始まるたんびに同じような世直し行脚《あんぎゃ》を繰り返しているのに、あの世界から悪人共が一向に滅亡しないことに対する説明がつかない。水戸黄門という番組を見ていて唯一気に入らないのは、悪を暴《あば》かれた悪人共がちゃんと因果応報で（なるべく惨《むご》たらしく）処刑されたか否かを、視聴者が最後まで見届けられない点である。今日の飯にも困るような貧民から搾《しぼ》り取った血税で豪遊し、罪なき町人に無実の罪を着せ、おとっつぁんの命を非情に奪った卑劣な悪人共が、きちんと町から綺麗《きれい》さっぱりデリートされるところを見届けねば、見ている側としてはまるで溜飲《りゅういん》が下がらない。その点、「江戸の用心棒」や「喧嘩屋右近《けんかやうこん》」、「三匹が斬《き》る！」は、悪人共が最終的に容赦無く切り捨てられて全滅するので、見ていてスカッとする。荒《すさ》んだ世相の中、この手の時代劇はもっと評価されてよいと思う。

時代劇の悪党に言及する上で、悪代官と呉服問屋のやり取りという様式美に触れないわけにはいくまい。「お代官様、今後とも良しなに」などと袖《そで》の下から、黄金色のお菓子という体の小判を渡す。それに対して悪代官が、「お主も悪よのう」とほくそ笑む。誰もが悪代官と呉服問屋というキーワードで連想するこのシーンだが、時代劇フリークの私でさえ実際の時代劇中でこのシーンを見た記憶があまりない。むしろ、賄賂《わいろ》といったら時代劇より現代のニュース番組での方が、遥《はる》かに耳になじむ言葉なのは何とも皮肉なものである。ともあれ、時代劇の定番とはいうもののさほど見かけない「賄賂で便宜を図ってもらう」というやり口だが、これは何も人間の世界だけの話ではない。野生の生き物の世界においても、賄賂というのは実に普遍的に見られる現象なのだ。

知らない人は意外に思うかもしれないが、自然界において最も多くの生き物から恐れられ、存在そのものが忌《い》まわしく思われている生き物は、アリである。アリという と、世の大概の人間は「小さくて弱々しい存在」の代名詞のように見なしている。漫画版デビルマンの1コマに「これから多くの人間がアリのごとく死ぬ！」といった、アリという生物の尊厳そのものを踏みにじるあまりにもあんまりな比喩《ひゆ》があったが、それくらい世間的にはアリはすぐ死ぬ、弱っちいゴミカス並の下等生物と思われている。いてもいなくても変わらないようなもの、という雰囲気が否めない。

しかし、アリは実のところ非常に強い生物だ。集団で組織だって統率のとれた行動をするという、他の生物界隈において稀《まれ》に見る特性をもつ彼らは、単独では敵《かな》わない相手も容易に圧倒できる。しかもアリは強力なキバ、種によっては毒針や蟻酸《ぎさん》などの毒液で武装しており、大型の捕食動物にとっては食べづらいことこの上ない（※）。実はアリは、我々が思っているよりは他の生物に食い殺されることがずっと少ない虫なのである。

その、捕食動物からの嫌がられ加減は、クモやカメムシ、甲虫やカマキリに至るまで、アリと同サイズかつ外見をアリに似せているムシ共が世に蔓延《はびこ》っている事実からも容易に想像がつく。彼らは不味《まず》くて食べづらいアリに似せることで、鳥のように視覚で獲物を認識する捕食動物から食われないようにしているのだ（口絵）。

それだけではない。アリは1カ所に巣という拠点を構え、そこに餌を大量に運び込む。その食べカスは、巣の周囲に捨てられる。さらにそこで多数の個体が排泄《はいせつ》もするため、アリの巣の周囲の土壌は、通常の土壌より肥沃《ひよく》になり、植物が育ちやすくなる。また、植物の中には、種子にアリの好む「エライオソーム」という誘引物質を搭載し、わざわざアリの巣の周辺まで種子を運ばせるものが多数知られる。アリは一旦種子を巣内に持ち込むが、原則アリの関心はエライオソームにしかないため、これを齧《かじ》り取ったあとの種子はゴミとして巣口の周辺へ運び出して捨てる。そこで発芽した種子は、通常より格段に肥沃な土壌で生育できるのだ。海外の乾燥地帯に生える雑草は、アリの巣の周辺に限り繁茂するというが、その理由がこれである。アリの存在により、通常とは異なる植物群落が形成され、ひいてはその場所の景観さえ変えてしまう。生態系において、彼らの存在は非常に強い影響力を持っているのだ。

とにもかくにも、それだけ強くて恐ろしく、影響力も強いアリ達に対して、弱小な生き物達のとるべき策は何だろうか。徹底して敵対するのも手だが、逆に懐《ふところ》に潜り込み、懐柔するというやり方もある。後者を選べば、自分はアリに攻撃されないうえ、その防衛力の傘の内に庇護《ひご》してもらえるため、一石二鳥と言えよう。そんな懐柔策の一つが、賄賂である。誰もが知っているように、アリは糖分を含む甘い液体には目がない。なので、甘い餌を使ってアリの機嫌をとるのだ。

このやり口を使う生物として有名なのは、アブラムシであろう。アブラムシは、集団で植物に取りついては針状の口吻を茎に刺し、師管液を吸い上げる。この液体には、アブラムシにとって生命維持に必要な栄養素が含まれるのだが、その濃度はべらぼうに薄いという欠点がある。ほぼ水と糖分ばかりの代物《しろもの》ゆえ、彼らは大量に師管液を吸っては幾ばくかの栄養素を体内で漉《こ》しとり、残りの砂糖水（甘露）を果てしなく排泄し続けねばならない。だから、アブラムシの大群に取りつかれた野菜はみるみるしなびて元気をなくし、家庭菜園に命を懸ける張り切りお父さんが怒りに血相を変えて、ホームセンターの園芸コーナーに駆け込むわけである。

このように、アブラムシにとって本来はただの排泄物でしかない甘露だが、これがアリにとってはまたとない馳走《ちそう》となった。摂取してすぐにエネルギーとして燃やせる糖分は、働き者のアリには欠かせない。いわば、アリはアブラムシの排泄物は彼らにとって格好のスポーツドリンクと言っていい。そのため、アブラムシの群れている植物に好んで集まり、その排泄物を舐《な》める。アリは、テントウムシのようなアブラムシを食う天敵が来ると、徒党を組んでこれを追い出す。よって、理科の教科書などでアリとアブラムシの関係は、片方は餌がもらえてもう片方は天敵から守ってもらえるという、持ちつ持たれつの「共生」の例として高頻度で紹介されている。

教科書的には、共生（相利共生）というのは「双方が互いに利益を享受《きょうじゅ》しつつ関わり合うこと」とされ、逆に「どちらか片方が一方的に利益を搾取《さくしゅ》し、もう片方には利益がないか、むしろ害をこうむる関係」のことを片利共生とか寄生と呼ぶように書かれていることが多い。こういう文面を見ると、寄生というのは実に悪辣《あくらつ》で、共生こそ美しい生き物同士の関係であるように思えてくる。そして、しばしばこういう複数種からなる生き物同士の「助け合い」の例を引き合いに出して、「種の異なる動物達で

アブラムシと「共生」するケブカツヤオオアリ。アリの口のすぐ下にいるアブラムシから、小さな水滴のような甘露が出ている。

さえ健気《けなげ》に助け合ってこの地球に生きているのに、愚かな人間達はなぜ同じ種族間で互いに戦争を云々……」のような論説を述べ、「人間の社会の在り方」の話にまで言及する輩《やから》が出てくるのである。

しかし、異なる種の生き物が「共生」している状態というのは、実際には人間の世界でいう「互いに思い合い愛し合う、仲良しこよしの関係」ではない。「共生」している生き物は、互いに相対する生き物の生き死になど、実際はどうとも思っていない。互いに醜く意地汚く、相手を利用し倒そうとし合い、しかし結果として両者の搾取の程度がたまたま拮抗《きっこう》している状態が、傍からは仲良く「共生」しているように見えているにすぎないのだ。

アブラムシとアリの関係で見るならば、アブラムシは実際には本当にアリの機嫌を取る意図があって甘露を出しているのではない。ただ、その食性と体の仕組み上、果てしなく砂糖水を出し続けざるを得ないから出しているだけだ。また、糖分の多いアブラムシの排泄物はすぐ腐ってカビるので、垂れ流し続けているとこれが自分達の体にどんどんまとわりつき、やがて伝染病の温床になりかねない。でも、そうなる前にアリがどこかから勝手に嗅ぎつけてきて、それを綺麗に片づけてくれる。そのため、結果としてアブラムシは病気にもならず、また天敵からも守ってもらえている。たまたま自分達にとって生存に有利な働きをアリがしているから、拒否する理由もないのでそのなすがままを許しているだけのこと。アリの側にしても、もともと彼らは永続的な餌場を仲間内で独占し、そこに寄りつく他の生物を撃退する習性がある。アリはアブラムシの群れを機械的に餌場と認識して、他の生物を寄せつけたくないだけであって、「テントウムシに食い殺されるアブラムシさん可哀想《かわいそう》」などの義憤に駆られて、善意でアブラムシの用心棒を買って出ているわけではない。

でも、その行為が結果としてアブラムシを保護することにつながり、アリはその甘露に長らくありつけるわけである。すべてが、互いに自分のことだけ考えて行動している結果であり、それでたまたま互いの生存に有利な状況が生まれているだけのこと。

もし、この先何らかの理由で双方の搾取の釣り合いが崩れたら、すぐさま一方的に搾取するものとされるものの間柄に早変わりするのである。

例えば、アリの立場からすれば守ったアブラムシから貰《もら》える報酬の量は、アブラムシを守ってやるのにかかった労力分を十分に補って余りあるべきである。だから、アブラムシがアリに守られた結果、過剰に数を増やしすぎると、アリは保護の手が回らなくなるため、自らの手でアブラムシを殺して食べてしまうようになる。一種の間引きである。管理しきれないほどたくさんいるアブラムシの群れの中を奔走して、甘露を受け取る暇もなく敵を追い払い続けるくらいなら、いっそアブラムシそのものを潰《つぶ》して肉にしてしまったほうが、アリにとってはずっと得る物が多いに違いない。

こうした穿《うが》ったものの見方で、いろんな生き物同士の「共生」の関係を見直していくと、実は世間で「共生」と呼ばれているのは寄生以上に悪辣で冷酷極まる緊張関係であることが分かってくる。一昔前に流行《はや》った、「本当は怖《おそ》ろしいグリム童話」にも似た、ダークでインモラルな面白さが隠されているのに気づくだろう。

※アリというのは元を正せば、進化の過程でハチから分かれた分類群であって(何のハチの仲間から分かれたかには諸説あり)、いわば地下空隙《くうげき》での生活に特殊化して飛翔《ひしょう》能力を

失ったハチのようなものだ。だから、アリがハチのように毒針を持つことは何ら不思議ではない。世界に10000種ほど知られるアリのうち、系統的にかなり新しい一部の仲間(ヤマアリ亜科、カタアリ亜科)を除き、基本的に全てのアリが毒針を持つ。我々の住む日本の庭先や道端には、毒針を持った物騒な生き物がうようようろついているのだ。ただ、その大半の種においては、人間に対しては害をなさない貧弱な毒針しか持っていないというだけの話である。

クモからの贈り物

私が松本市に住んでいた頃、季節に関係なく日没後には近所の裏山へ分け入り、そこにいる様々な生き物を観察するという習慣があった。もはやこれは本能というか習性というか、自然と体が裏山のほうへと向かってしまう、抗《あらが》いようのない摂理であった。裏山には日中でも時間さえ工面できれば出かけるのだが、夜は日中とは全く異なる生き物が出てくる。また、日中見かける生き物も、夜はまるで違う動きや反応を見せてくれるため、それを見るのがたまらなく面白かったわけである。ここで紹介する、とある不思議なクモもその例に漏れない裏山の舞台役者の一人だ。

私の足しげく通っていた裏山には遊歩道が作られており、点々と小さな街灯が設置されている。日没後、これらは自動的に点灯し、赤みを帯びた光で周囲をぼうっと一晩中照らす。本来、赤みを帯びた光というのは虫をあまり誘引しない。虫は赤い光があまりよく見えていないからだ。だからこそ、夏に昆虫採集をする人々はなるべく青い光を使って森に張った白い布を照らし、虫を集める。また、コンビニの入り口近くに設置されている電撃殺虫灯も、効率よく虫をそこに集めて殺すべく青い光を放っている。しかしながら、この裏山の赤い街灯には思いのほか多種多様な虫が季節を問わず飛来する。だからこそ、私は裏山に到着するとまず先にこの街灯をチェックするわけだ。そんな街灯の周囲で、割と年中いつでも見かけるクモがいる。

体長は最大で1センチメートル程度。全体的に茶褐色でぱっとしない色彩だが、個体によっては体にスッと黒い直線が走っている。長めのおみ足に細身の体型もあいまって、なかなか端正な外見のクモである。見かける時は、いつでも街灯周辺の細い雑草の葉上にいて、まるでその細い葉の形に合わせるかのように脚を伸ばしてじっとしている。そして夜行性の気が強く、日没後にならないと街灯周辺の目に付く場所には出てこない。網は張らず、目の前にたまたま飛んできたガなどに高速で飛びつき、捕食する。彼らの名は、アズマキシダグモという。北海道から九州にかけて広く分布し、草原や雑木林などに生息する地表徘徊性《はいかいせい》のクモだ。さほど珍しい種ではなく、クモそのものは年中見られるが、成体は初夏にだけ姿を現す。この一見何のとりえもなさそうな小グモ、実は現在確認されている限りの世界中のクモ全部を見渡してもあまり例のない、非常に変わった習性を持つことで知られている。オスがメスに餌をプレゼントするのである。

通常、徘徊性である彼らは獲物を捕らえると、そのままその場でこれを食ってしまう。しかし、繁殖をひかえた成体が出現する初夏の頃になると、少し勝手が違ってくる。日没後、オスの成体はいつものように獲物を待ち伏せ、これを捕まえる。ところが、オスはこの獲物を自分で食らおうとせず、奇妙な行動に出る。獲物を自分の体の下に置いたあと、尻《しり》から盛んに糸を繰り出して獲物に巻きつけ始める。20分近くもかけてその行為を続けると、ついには獲物の体は完全に真っ白い小包のような風貌《ふうぼう》を呈するようになる（口絵）。オスはこの小包を口にくわえて、周囲をふらふらと彷徨《さまよ》い始める。メスに遭遇した際、これをプレゼントとして渡すつもりでいるのだ。

生物の中には、交尾の際にオスがメスに対して餌を提供するものが多数知られており、この行動を「婚姻贈呈」と呼んでいる。昆虫ではいくつかの分類群で、こうした行動をとるものが知られており、動物行動学的な観点から盛んに研究されてきた。一方、クモにおいてこうした行動をとるものは、アズマキシダグモを含むキシダグモ科の他、数種のクモに限られるらしい。日本では長らくこのアズマキシダグモただ1種のみが知られていたが、近年その近縁筋のハヤテグモというのも婚姻贈呈の習性を持つことが確かめられている。

昨今のファッション雑誌などを立ち読みする限り、人間の男が女を口説く際には、プレゼントだけではなく映画に連れて行ったり服装を褒めたり、いろんなことをせねばならないらしい。それを考えると、プレゼントを1個渡すだけで簡単にメスが落ちるクモの世界の、なんと気楽なことか。私は当初そう思っていたが、実際に観察してみるとそんなに簡単なものではないことがよく分かった。オスは自分が食うでもない獲物をわざわざ捕らえて、丁寧にラッピングまで施し、それを抱えてひたすらメスを探し歩かねばならない。運よくメスに出会っても、クモのメスは気難しい奴らばかりで、餌さえ持っていればどんなオスにもなびくわけではない。私が野外で観察した複数の雌雄の組み合わせのうち、最終的にプレゼントの受け渡しにまで至ったのは一組だけ。その一組というのも、短時間でメスが機嫌を損ねてオスを追いやってしまった。

クモの世界にはクモの世界なりの苦悩があるのだろう。

クモのオスは、ただあてどなくどこにいるか分からないメスを求めて彷徨っているわけではない。クモは歩く際に「しおり糸」といって、わずかに糸を出している。オスはメスの出したしおり糸を辿《たど》り、メスの元へと向かうようである。首尾よくメスに遭遇できたオスは、早速に複雑かつ巧妙な繁殖行動を展開することとなる。

アズマキシダグモのオス（左）が白い小包のような〝プレゼント〟を渡すも、メスはつれない。求愛失敗……。

メスの正面方向からオスは慎重に近づく。メスへの接近方法は、オスにとって非常に重大な案件だ。クモは基本的に視力があまり発達していない生き物なので、オスがいきなり不用意にメスに接近しようものなら、危機を感じたメスに反射的に攻撃される可能性が高い。だから、なるべくメスに認知されやすいよう、正面からアプローチする。しかも、ただ近づくだけではない。オスは、盛んに脚を動かしたり体を振動させたりして、ダンスを踊る。目に付く動きに加えて振動を起こすことにより、これから近づくけど敵じゃないから攻撃してくるなとメスを牽《けん》制《せい》するのだ。この段階でメスが乗り気ではなかった場合、メスはきびすを返して逃げ去ってしまうか、逆にオスを威嚇《いかく》して追い払ってしまう。メスが逃げない場合、オスの求愛を受け入れる用意があるということである。慎重にメスのすぐ手前まで来たオスは、小包をくわえたまま体を捻《ひね》り、腹面を上に向けるような無理な体勢をとる。そして、メスの腹面下に滑り込むようにして、直接メスの口に小包をくわえさせる。メスがこれを受け取れば成功。この時に、オスは口元に生えている膨らんだヒゲのようなもの（触肢《しょくし》）を、メスの腹側の生殖器に突き刺して受精を完了させる。クモの繁殖は、昆虫の交尾のような体勢をとらない。あらかじめ触肢に精子を蓄えた状態のオスが、メスの生殖器にそれを突き刺すというもので、交接と呼ばれている。

クモは人間とは違い（いや、あながち違うとも言い切れないが）、一般的にメスのほうが体が大きくて力が強い。このため多くの種のクモにおいて、しばしば交接を行う前後で力の弱いオスがメスに捕まって食われてしまうケースが見られる。こうした事例はカマキリで有名だが、クモの場合はカマキリ以上に高頻度で交接時の共食いが起き、交接に成功したオスは必ずメスに食われるという種もいるほど。そのため、アズマキシダグモなどに見られる婚姻贈呈の理由は、メスに食われたくないオスが自分の身代わりとして餌を用意し、メスの機嫌をとるためだとかつては解釈されていた。

しかし、少なくともアズマキシダグモに関しては、雌雄でさほど体格に差がなく、オスはメスに攻撃されることはあっても丸ごと食われてしまう可能性は低い。近年では、身代わりというよりも交接の時間稼ぎとして餌を用意する意味合いが強いのではないかと考えられているようだ。交接の時間が長ければ長いほど、オスは自分の精子をより多くメスの体内に送り込むことができる。餌に食いついている間、メスは比較的オスの振る舞いに対して無頓着《むとんちゃく》になるため、より大きくて食べ終わるのに時間のかかる餌を用意してメスに渡せば、それだけ長い時間オスは交接を許される。また、産卵前に大量のタンパク質を労せずして得られる点では、メスにとっても有益だ。

交接をすませたメスは、やがて産卵する。地面などに糸でシートを作り、その上に数十もの卵を塊で産み落とし、これを糸で包み込んで卵嚢《らんのう》を作る。メスは卵嚢を口にくわえて持ち歩く。口が塞《ふさ》がっているから、当然餌は摂《と》れない。敵に襲われた時などは、卵嚢と自分のすきっ腹とを抱えて死に物狂いで逃げ回らねばならないのだ。

盛夏前に卵は孵化するが、孵化が近くなるとメスは林の下草の間に粗末なテントを張って、そこに今までくわえていた卵嚢を吊るす。その傍でメスは餌も摂らずじっと見守っており、頃合を見て卵嚢を破り、中の子供達を外へ出す。それから数日間、テントの中で1ミリメートルサイズの大量の子供とメスは同居するが、やがて子供達は文字通りクモの子を散らすようにばらけて独り立ちしていく。それを見届けてから、メスは痩《や》せ細ってやがて死ぬ。

秋から冬にかけて、子グモ達はめざましく成長していく。しかし、途中で大半のものは、親グモが歯牙《しが》にもかけないようなアリ、他のクモなどに捕まって餌食《えじき》になるため、最終的に生き残るのはごく僅《わず》かの個体だ。裏山から大概の虫達が姿を消す厳冬期、夜の遊歩道沿いの灯りにはフユシャク（64ページ）という、寒冷な時期にしか出現しない小蛾《こが》の類《たぐい》がちらほら集まる。これを捕らえるため、アズマキシダグモの若齢個体達も寒い中、街灯の周囲に集まってくる。この時期、彼らにとって唯一《ゆいいつ》の餌であるフユシャクは、この裏山では1月から2月末くらいの間は完全に姿を消す。冬に活動するガですら、この期間はあまりにも寒すぎて活動できないのだ。だから、クモ達はその前に、なるべく多くのフユシャクを捕まえて体力を養わねばならない。しかし、一晩で灯りに飛来するフユシャクの個体数はさほど多くない上、罠《わな》も何も持たないクモがこれを捕らえるのは容易ではない。恐らく、ここで多くのクモが命を落とすことになる。無事、この試練の季節を乗り越えたものだけが、翌年の繁殖期を迎えることができるのだ。

民家のすぐ近くの林で、ひそやかに行われている生と性のドラマ。それはどんなテレビのドラマよりも、神聖で巧妙かつ愛《いと》おしい。

冬の夜の秘めごと

私には好きな虫がある。一つは、眼の退化した虫。もう一つは、翅の退化した虫だ。理由などない。しかし、どうしようもなく奴らは私を惹《ひ》きつけるのだ。

昆虫の中には、翅が退化して飛べなくなってしまったものが少なからず知られる。その内訳は様々で、その分類群に含まれるもの全《すべ》てが飛べなくなったというのもあれば、他の近縁種が軒並み飛べるのに、ただ1種だけ飛べなくなったものがいる、など。翅はあるが飛翔筋が退化して羽ばたけないもの、翅自体がなくなり飛べないものもいる。

昆虫が飛ぶ能力を失う理由も千差万別だ。島のような環境に隔絶され、飛ぶ必要がなくなったもの。自分より遥かに大型の生物に取りついて移動するため、体毛羽毛に潜り込むのに邪魔な翅を捨てたもの。さらに、寒冷な条件下に住むものは、飛ぶ行為が身体《からだ》に負担をかけるとか、体表面積を減らして寒さから受けるダメージを減らすなどの理由から、翅を捨てたと考えられるものもいる。実は身近な裏山で、そんな奇妙な昆虫を普通に見ることができる。真冬に出現する、翅のないガがいるのだ。

シャクガ科のガは、幼虫がいわゆる尺取虫として知られるガの仲間で、世の中に莫《ばく》大《だい》な種数を誇る。そのうち一部の種は、秋の終わりから春先にかけての寒冷期に限って成虫が活躍し、俗にフユシャクと呼ばれている。日本では30種前後のものがフユシャクとみなされている。

フユシャクとされるシャクガ類には、一貫して共通した生態的、形態的特徴がある。まず、成虫が寒冷期にしか現れない。春から初夏にかけて卵から孵化、成長し、盛夏前には地中に潜り蛹化《ようか》する。そして、羽化の時まで休眠するのだ。また、彼らは食事をするための口吻が退化している。真冬にそもそも餌になる花蜜や樹液がないのもあるし、時に気温が氷点下にまで下がる真冬に、変温動物たる彼らが水分を体内に入れてしまうと、文字通り身体の芯《しん》から凍って死ぬ恐れがある。彼らの体液には、不凍液の役目を果たすグリセリンが含まれるため、水さえ入れない限りは氷点下でも体内が凍ることはない。さらに、彼らはメスに限り翅が退化している。種によりその退化の程度は異なり、頑張れば飛べそうな程度には翅を残す種もいれば、痕跡《こんせき》すらない種もいる。後者に関しては、もはや外見がガですらなく、丸っこいクモにも見えることから、英語でスパイダーモスとも呼ばれる。

飛べないメスは、代わりに尻からフェロモンを散らして、たまたま近くに飛んできたオスを呼び寄せて交尾する。交尾後、メスはまもなく樹幹の裂け目などに大量の卵を産みつける。フユシャクのメスの腹部はでっぷりとしてふくよかだが、まるで子持ちシシャモの如《ごと》く細かな卵で満たされているため、全部産卵し終えると、空気の抜けた風船みたいにしなしなになってしまう。オスもメスも、口がないゆえ餌が摂れず、羽化前に体内に蓄えていたエネルギーを一方的に消費するのみのため、成虫はわずか1週間かそこらで死ぬ。その短期間のうちに、彼らはやるべきことを済まさねばならないわけだ。

こんな風に総じて似通った特徴を持つ彼らだが、実はこのフユシャク、分類学的にまとまった仲間ではない。シャクガ科の中ではさらに複数の亜科（サブグループ）に分かれているが、それらのうち直近同士とは言いがたい三つの亜科に含まれる種の中から、たまたま寒冷期に発生するよう適応進化した種が現れた結果にすぎないのだ。よりによって、なぜ親戚《しんせき》というほど近くもない間柄の中から、ただただクソ寒くて辛《つら》いだけの冬に狙《ねら》い澄まして発生するようなものが誕生したかについては、まだはっきりと分かっていない。

私が根城にしていた長野の裏山では、狭い範囲ながら国内で知られるうちの実に半数ほどにあたる16種のフユシャクが生息していた。それらは概《おお》ね種ごとに発生時期を微妙に違えており、だいたい1～2週間単位でその地域の種構成が次々と移り変わる。だから、秋から春先まで毎日そこの裏山に通うだけで、全く同じ地点で様々な種のフユシャクを見ることができたのだ。

多くのフユシャクの種は夜行性だ。だいたい日没後から2時間くらいの時間帯が、どの種も活動のピークとなる。この時間帯になると、それまで落ち葉の下などに隠れていたガ達がボチボチ草木の枝葉に登り始める。目立つのは、やはり大きな翅を持ったオスだ。彼らは皆一様に褐色がかった地味な色合いで、日中は周りの枯葉の色と紛らわしい。しかし、本物の枯葉よりも明らかに白っぽい上、暗闇《くらやみ》にて人工のライトで照らした際のテカり方が、本物の枯葉のそれと全く異なる。なので、枯葉や樹皮など紛らわしい場所に止まっていても、夜ならば比較的発見は容易《たやす》い。オスと同時かやや遅れをとり、メスも高所に登る。その後、尻から小さくも奇妙な角らしきもの（フェロモン嚢《のう》）を出し入れしつつ、オスへと信号を送り始める。このメスの行動は、コーリングと呼ばれる。

枝葉から飛び立ったオスは特に目的地もなく、闇夜の森をやみくもに飛び回る。こうして少しでも広範囲を巡りつつ、どこかにいるメスが発するフェロモンを感知する機会を増やすのだ。昔、ファーブルはヤママユガを使った実験を行い、ガのオスはメスのフェロモンを何キロ先からも嗅ぎつけ飛んでくるといった内容を昆虫記に書いたが、それは正しくない。ガのメスが発するフェロモンの射程範囲は、せいぜい半径1〜2メートルくらいといわれている。たまたまメスの近くをやみくもに飛んでいて射程範囲内に入ったオスが、フェロモンに気づいて誘引された結果にすぎないのだ。

メスのフェロモンを感知した途端、フユシャクのオスの動きは激変する。それまで直線的にゆっくり飛んでいたのが、突然螺旋《らせん》を描くように墜落する。そして、苦しげにのたうつように、激しく羽ばたきつつ地べたを歩き回る。この時のオスは、飛びそうで飛ばない。ジグザグの軌跡を描きつつ、羽ばたき歩きをしばらく続けると今度は、ある時いきなり立ち止まり、羽ばたきもやめる。何事かと思ってよくよく見れば、オスはその場に止まっていた小さなメスと連結して交尾を始めているのだ。オスに比べてメスは翅がない分、小さくて目立たない。人間が広大な森の中からこの微小生物を見つけ出すのは至難だが、オスのガはすぐ見つけ出す。しばしば、コーリング中のメスがいる草むら周辺に、おびただしい数のオスが群がる時があり、オスの群れからメ

チャバネフユエダシャクのオス。

スを見つけることもできる。

　コートを着込まねば外にも出られない、小雪舞う極寒の夜の裏山で繰り広げられる、白いガ達の舞踏会は、何度見ても異様な光景だ。しかしどれだけ大勢のオスが群がろうと、最終的にメスと連結するのはただ1匹のみ。誰かと連結完了した途端、メスはフェロモンの放出をやめるため、あぶれたオス共は瞬《また》く間に我に返って各々《おのおの》散ってしまう。ガ達の舞踏会は、ある瞬間あっさり幕切れとなるのだ。

　フユシャクの大半種は、日没後から2時間の活動となるが、中には変則パターンを示す種もいる。チャバネフユエダシャクは、比較的大型のフユシャクの一種で、日本各地に広く分布する。フユシャ

チャバネフユエダシャクのメス。同じ種とはにわかに信じがたい。

クの中では割と普通種ではあるが、この種の雌雄の形態差は、フユシャクの中でもことさら顕著な部類に入る。オスは全体的に黄色っぽい色彩なのに、メスの姿がとんでもない。翅が全くないのは言うまでもないとして、体色がメリハリのある白地に黒のまだら模様。まるでミニチュアのホルスタインだ。何も知らない人がこの2匹の昆虫を見たら、間違っても同種の夫婦だなんて思うわけがない。しかし、紛れもなくこの2匹は同種であり、ちゃんと交尾をしているはずなのだ。

なぜ、「している」ではなく「しているはず」なのかといえば、私はこの虫が交尾している様を一度も見たことがなく、本当にそんなことをしているのかと腹の内で疑っていたからに他ならない。私は、このフユシャクが交尾している様をどうしても一目見てみたいと探し続けてきたが、どう頑張って探しても見つからなかったのだ。フユシャクは、裏山の遊歩道沿いに並ぶ街灯に夜間オスが集まるため、その集まり具合を見ることで、今はどの種の発生がピークかを推測できる。そのやり方で、チャバネフユエダシャクのオスが一番多く飛来する時期を選び、集中的に夜の裏山を徘徊する、というのを、私は長野に移り住んで以後10年以上も続けてきた。なのに、他の種の交尾はいくらでも見られるのに、チャバネフユエダシャクのそれだけはなぜか一切見つけられなかった。

これは私だけの問題ではなかった。当時、インターネット上の画像検索で調べても、他の種はともかくこの種の交尾している姿の写真は1件も引っかかってこなかった。世の中には私みたいに、身の周りにいる虫の写真を撮るのを趣味とする偏屈な者達がたくさんいる。だが、しかし、その数多《あまた》の監視網をもかいくぐり、奴らは頑《かたく》なに交尾の様を人間共の眼前に晒《さら》さなかったのである。北海道から沖縄まで、日本各地に分布するド普通種だというのに（※）。

長年にわたるこれ程執拗《しつよう》な探索にもかかわらず、チャバネフユエダシャクの交尾のみ見られなかったのは、その活動時間帯が根本的に他のフユシャクとは異なるせいではないか。そう考えた私は、2011年の初冬に思い切った作戦を敢行した。深夜に出かけて探すのだ。通常私はフユシャクを観察するために、夜7〜9時の間に裏山へ行き、そして帰る。これをもっと遅くずらして、夜11時に出かけてみることにした。いつもなら布団《ふとん》に入る準備にかかるこの時間帯、ましてクソ寒い信州の山の中である。いるかいないかも知れないものを見るために外へ出かけるのは、正直億劫《おっくう》でしかなかった。しかし、ここでやらなければ必ず後悔する気がした。

夜中の裏山は、寒さにくわえて近隣民家からの生活音も消え、漆黒の闇の中、空気はピンと張り詰めていた。いつも庭のように闊歩《かっぽ》している場所なのに、何か違う材料で見慣れた景色を再構築したような、妙な感覚を覚えた。鼻水を垂らしながら、真っ暗な森を歩いてガを探す。やはり遅い時間帯なので、日没前後から活動するような種は軒並み動かず枝葉に止まっていた。どこを見回しても、動いている生き物の姿は見当たらなかった。チャバネフユエダシャクなど、言うべきにもあらぬ状況。だんだん心細くなってきたのと、ただ一人こんなクソ寒い場所に居続けることが空《むな》しくなってきたのとで、私は帰ることにした。

こんな時間こんな所までこんな無駄なことをしに来るくらいならば、とっとと帰ってオフトンの中で温まっていたほうが遥かにマシだったんじゃないのか。何だか、無性に腹立たしい気分になりながら裏山の道を下りきる手前でのことだった。ふと目の前2メートルくらいの所に、1匹の黄色いガがチラチラと降りてきた。チャバネフユエダシャクのオスだ。この晩、ようやく見つけた最初の活動中のオスだった。

チャバネフユエダシャクのオスは大型ゆえ飛翔力が他のフユシャク類よりも強く、普通は人の目線の高さの2倍以上の高所を飛ぶことが多い。それが、なぜか低い所に突然降りてきたのだ。風で煽《あお》られたわけでもなく、何らかの目的意識をその動きに感じた私は、そのまま歩みを止めてじっと彼奴《きやつ》を凝視した。ガはホバリングするように、道脇《わき》から伸びていた細い枯れ草の周囲を飛んだあと、ふいに数回その草に体当たりをかました。そして、体当たりの末に枯れ草の茎の中ほどにしがみつき、羽ばたきながら茎を伝って歩いた。そいつがふと立ち止まったのを見計らい、私はそっと近寄ってみた。ただただ、ため息をつくほかなかった。目の前には、姿かたちが似ても似つかぬ2匹の昆虫が、物言わず相反する方向を向きながら連結していた。私がこの虫のその様を見つけてやろうと思い立ってから、実に11年目のことだった。

※1986年に出版された『冬尺蛾《フユシャクガ》 厳冬に生きる』(中島秀雄 築地書館)の表紙に、デカデカとチャバネの交尾写真が載っており、これ以外に長らく私は本種の交尾写真を拝

める文献・媒体を知らなかった。その後、このガの活動時間が比較的遅いという知見が知れ渡ったせいか、２０１３年あたりを境に多くの虫マニアが各地でこの種の交尾を撮影し、ネットに写真を上げるようになった。

第二章　捕まえるのは難しい

さあ、私たちの探索〈デート〉を始めましょう

私は何を隠そう、アニメが好きである。今や世の中には様々なジャンルのアニメがあり、インターネット上では全国のアニメヲタク共が「あのナントカのキャラはいい」だの「あのアニメの内容はクソだ」だのと、互いに互いの推し作品を評論し合ったり、あるいは貶《けな》し合ったりしている。こういったネット上のやり取りを見ている限り、最近の一般的な傾向として中高生向けの小説（ライトノベル、ラノベともいう）が原作のアニメは、比較的評価の低いアニメとして貶されることが多いようだ。その最たる理由の一つが、この手のアニメは内容がどれも似たり寄ったりという点である。

日本では春夏秋冬の季節の変わり目に合わせ、だいたい年に4回ペースで放映アニメが新しく入れ替わる（1期間内のことを1クールと呼ぶため、年4クールあるわけである）。ここ5年くらいの傾向では、1クール内に多い時で5〜6本はラノベ原作

のアニメが放送されている。しかし、それらは内容がどれもワンパターンで、①美少女が大量に出てくる、②その美少女の群れに、男主人公が理由もなくモテまくる、③主人公が大した努力もなしに特殊能力を身に付け、敵を圧倒する、といった要素が必ず一つ二つ、あるいは全部入る。毎回毎回、雨後の筍《たけのこ》のように出てくるこういう内容のアニメに、多くのアニメヲタクは食傷気味になっているのだ。その結果、ラノベ原作アニメにおいて高評価を受け続編が作られる作品は、ことに最近では極めて少なく、アニメ放映後に販売されるＤＶＤの売り上げも芳《かんば》しくないものが大半を占める。

とはいえ、私はこの手の量産型ラノベアニメは結構好きな方である。こんな世知辛い世の中、今日び汗臭い野郎しか出てこないスポ根アニメを見せられるよりは、愛くるしい美少女がキャッキャウフフするアニメを見る方が断然いいに決まっているではないか。ああいうアニメはキャラクターの動く様を見て愛《め》でるためのものであって、内容云々《うんぬん》を議論してはならない次元のものなのだ。

また、特殊能力を持ったキャラクターが並み居る敵を倒しまくる系統のアニメも、私の心の琴線に触れる。片手から火やら電撃やらを放って敵を焼き尽くしたり、見た目は華奢《きゃしゃ》な子供が長さ2メートルも3メートルもあるような剣や鎌《かま》を振り回して、巨大な敵を一刀両断するような内容は、三十路《みそじ》の今なお心躍るものがある。秘められた能力を使って、開かずの扉の前に記された意味不明な碑文や暗号を解読するキャラクターもカッコイイ。他の者には分からないものをすらすらと理解し、詠唱するなんて、実際にできたら妙な優越感に浸れそうだ。こんな特殊能力を実際にこの現実世界で身に付けられるなどと言ったら、誰もが鼻で笑うかもしれない。でも、さすがに手から電撃やらは無理にしても、実は暗号解読系の特殊能力は、家の周りの身近な裏山で鍛錬し習得することが可能なのだ——。ということで、やっとここから虫の話が始まる。

自然界において一方的に食われる立場にある昆虫達は、種によって様々な方法を駆使して天敵の攻撃を避ける。中には毒や針、キバといった武力で敵を打ち負かす防衛反応を特化させたものもいるが、大半の虫は、敵が自分を攻撃対象から自発的に外すよう促す手段を使う。例えば、本当は無毒なのに有毒な種に見せかけ、派手な警戒色で敵の攻撃心を削《そ》ぐようなもの。ハチそっくりなトラカミキリやスカシバ、テントウムシそっくりなウンカあたりが挙げられるだろう（口絵）。もう一つは、逆に徹底して地味な姿となり、背景に紛れて自らを隠蔽《いんぺい》するもの。今回の話の主役である。

隠蔽擬態で身を守る昆虫は多岐に及び、その擬態対象も枯葉、花、枝、樹皮など様々だ。日本では特に、越冬中の昆虫において隠蔽の技の洗練されたものが多いように思う。何せ、越冬中の昆虫は仮死状態となるため、しばしば危険が迫ってもその場から一歩も動けない。敵に存在を認知されたら、もはやなす術《すべ》がない。こうした敵に認知されてはならないという淘汰《とうた》を幾世代にもわたりかいくぐり続けてきた結果、隠蔽も高度なものになっていったのであろう。虫が少ない冬の間、私は裏山でこうした越冬中の昆虫を探し、隠蔽の術を見破る「能力」を養成するのだ。

私が足しげく通った長野の裏山の畑には、桑の木が何本か生えていた。冬になると、枝のどこかに尺取虫が付くのだが、そいつの枝への似せっぷりはとにかく神がかっていた。クワエダシャクというガの幼虫たるこの尺取虫は、その名の通り桑の木だけにしか付かない。秋が深まってくると、彼らは一番尻の方に付いている2対の脚（腹脚）だけで枝をしっかり摑《つか》み、斜め懸垂をするような体勢で不動となる。この体勢のまま、風雨に直に晒されつつひと冬を耐え忍ぶのである。その体の色や肌の質感は、桑の枝特有のそれをものの見事に再現している。

さらに、この尺取虫の頭の形がまた、桑の枝の冬芽に瓜《うり》二つなのだ。どこからどう見ても、冬芽を付けた小さな横枝にしか見えない。だから、これを桑の木1本からたった1匹でも見つけ出すのは、初見では至難である。

しかし、何回も探し続けていると、一見無造作に枝に止まっているかに思える尺取虫も、大雑把にこの辺にいる確率が高いという傾向が分かってくるのだ。少なくとも私が出入りした裏山において尺取虫は、木の枝の末端部にはほぼ付かない。幹の低いあたりから張り出す太い横枝の、比較的付け根近くに付いていることが多い。だから、今では何の下見もなくいきなり冬にその桑の木の所へ行っても、反射的にその部位だけを見る癖がついたため、だいたい15秒もあれば私は尺取虫の1匹や2匹はすぐ発見できるようになった。しばしば自然観察会などで、虫に関して明るくない人と裏山を歩く際、たまたま通りすがった桑の木の前で瞬時にこの尺取虫を数匹見つけてみせると、10人が10人白目をむいて驚く。何でこんなものすぐ見つけられるんだ??と。実に気分がいい。こういう時に覚える愉悦は、幼稚園や小学校で昆虫博士じみた奴《やつ》がクラスメートから昆虫に関するQを投げかけられ、即座に答える時に覚えるそれと根幹は同じだと思う。

尺取虫に限らず木の枝に擬態するタイプの越冬昆虫は、低い場所から張り出す太い横枝に身を固めるものが多いように思う。いくら雨ざらしで耐え忍ぶとはいえ、雨風の影響をまともに受け、場合によっては枝ごと折れて落下する危険もはらむ枝の末端部にはなるべく居たくないわけだ。扁平《へんぺい》な体で枝にべたっと張り付き姿を消すカメムシの仲間、コミミズクの幼虫も、そうした場所に着目して探すと難なく見つかる。

とは言いつつ、さすがの私でもまだ即時発見が難しい越冬昆虫がいる。ホソミオツネントンボだ。普通、日本の九州以北においてトンボは卵か幼虫の姿で越冬し、その越冬場所も土の中か水の底だ。しかし、例外的にイトトンボの仲間のうち3種のみ、成虫の姿で越冬する。その一つホソミオツネントンボは、夏に水田や池で羽化する。枯れ草のような茶褐色をした成虫は、まだ暖かい日の続くうちに、死に物狂いで他の小昆虫を捕食して栄養を蓄える。そして、秋が過ぎて本格的な冬の前に水場近くの林内へ入り込み、低木の枝などにしがみついてそのまま一冬動かない。雨に打たれても、雪が積もっても、細く軟弱な体でそのまま耐え続けるのだ。そうして翌春まで耐え忍んだ個体だけが、繁殖に参加する権利を得る。5月の繁殖期、彼らは冬の間枯れ枝のように地味だった体色を目の覚めるような青に変え、残り少ない生を謳歌《おうか》する。

このトンボ自体は、活動期に生息地へ出向けば普通に見られる。しかしその越冬態たるや、発見は筆舌に尽くしがたいほど難しい。何せ、特定樹種にしか付かない尺取虫などと違い、どんな種類の枝にでも取りつく。取りつく高さも部位も全くランダムで、探す狙いを一切つけられない。何より、止まった虫の体が枝そっくりな上、何かその場所にいるという目印をつけるでもなく、本当に無造作にそこにいるだけなのだ。最初に私がこのトンボの越冬態を裏山で探そうと思い立ったのは2008年あたりだったが、初年度の冬は1匹も発見できずに終わった。せめて大雑把でいいから、どういう地形や立地を越冬場所として好む傾向があるかくらいは絞れないかと、当時だいぶ考えた。こういう、地中などに引きこもらず雨ざらしで越冬するタイプの虫なら、いくらランダムに越冬場所を選ぶとはいえ、無防備な越冬を失敗させないための策を講じていることは疑うべくもないのだ。

むき身で越冬する虫にとっての脅威は、1に敵襲、2に雨風、そして3番目に急な気温変化であろう。知らない人は意外に思うかもしれないが、越冬昆虫にとって真冬に突発的に訪れる暖かな日は、生死にかかわる試練の刻《とき》。こういう日、虫はしばしば春が来たと勘違いして起き出し、活動を再開してしまう。しかし、その翌日再び真冬の天候に見舞われれば体が周りの変化についていかず、死にやすい。また、虫に限らず変温動物は、ひと冬の間眠って過ごすのに最小限必要な脂肪分のみ、体内に蓄えて越冬する。体の代謝機能を限界まで落とし、生きるか死ぬかの境目の状態で、少しずつ使ってやりくりしないといけないエネルギー源だ。真冬におかしなタイミングで目覚めてしまえば、それだけでエネルギーを無駄に消費してしまうため、再び寒くなって越冬態に戻ったとて春まで持たずに死ぬ可能性が高い。つまり、虫が越冬を成功させるには、一日を通じて気温の変化がほぼない、そして常に低く保たれている場所を越冬場所に選ぶ方がいいわけだ。私の行きつけの裏山で、一日中ずっと日も射さずひたすらクソ寒い場所はどこかと考えたら、たった1カ所だけ思い浮かぶ場所があった。北向きの斜面に作られたスギの植林地帯だ。

思い立ったが吉日と、12月のある日に私はそこへ行った。真冬のここはとにかく寒い。朝行っても昼行っても常に薄暗く、そこにいるだけで陰鬱《いんうつ》な気分になってくる。その陰鬱の森に分け入り、倒れた丸太や枯れた下草に足を取られそうになりつつも、私は膝下《ひざした》くらいまでの高さの貧弱な雑木の幼木を、丹念に見て回ることにした。ここに生えている雑木は、みな発育が悪く枝が細い。そう、それらの小枝は、まるで越冬中のホソミオツネントンボと、色も太さも長さも同じなのだ。視界一面、足元にそれが広がって生えているのだから、探す前から気分がくじけるというもの。1本1本、丹念に見ていくしかない。しかし、あくまでもこの場所にいるかもしれないというのは私の推測にすぎず、本当にここにいるのかどうかは分からない。もしここにいないのであれば、今から私は壮大に無駄なことのために無意味な時間を過ごすわけだ。慣れない環境で未知の虫を探す時は、いつもこうした思いと戦いながらやらねばならないのである。

暗く冷たく、生物の気配が一切ないスギ林を、身をかがめつつ右往左往し始めて1

時間くらい経《た》っただろうか。と、ある雑木の幼木の脇を通り過ぎようとした時。何となく、その枝のうち1本が不自然に動いたように見えた。一瞬、何かの見間違えかとも思ったが、よくよく見たら、その動いたように見えた枝にはなんと翅《はね》が生えていた。私の読みは見事に当たった。まさに越冬中のホソミオツネントンボが、そこに止まっていたのである。これを見つけた時は、心底嬉《うれ》しかった。それ見たことか！　こういう、フィールドにおいて自分の予想がまんまと当たった時の喜びと、まんまと外れた時の驚きというのは、何物にも代えがたいものである。

私はトンボをじっくり観察してみた。奴は枝をしっかりと脚で摑んだまま、その場から一歩も動かなかった。一見、生命の覇気が全く感じられず、死んでいるようにも見えた。しかし、こちらが顔を近づけると、トンボはその場から逃げない代わりに体を僅《わず》かに斜めに傾けて見せた。敵が寄ってきた時、彼らはこのように、相手側から見た時に少しでも自分がトンボの姿に見えないような角度に体を倒すのだ。さっき、発見時に動いたように見えたのはこのせいだった。そして何より、透き通ったその瞳《ひとみ》の美しさが、まだこの生き物が生命の火を灯《とも》しつづけていることを雄弁に物語っていた。

その数日後、長野は記録的な大雪に見舞われた。交通手段を確保するのさえ難儀するこの日、あえて裏山へ行った。あのトンボがどうしているかを見たくて、そしてそ

ホソミオツネントンボ。薄暗いスギ林で見つけた、越冬中の個体。間近で見ればこそ見まごうことなきトンボの姿だが、広大な枯れ野でこれを見つけ出すことがどれ程難しいかは、実際に試してみればよく分かる。

の様を写真に撮りたくて。いつもなら家から自転車で15分もかからないその近距離の森へ行くのに、この日は徒歩で1時間半も費やした。膝上まで積もった雪に埋もれながら森へ分け入った私は、そこで氷を全身にまといつつも、先日と同じく凜《りん》として枝にしがみつき続けるトンボの姿を目に焼き付けたのだった。正直この小汚い小トンボが、そんなに大変な思いをしてまで見たり写真を撮りに行くほどの価値のあるものかどうかは分からない。しかし、虫の冬越しの辛《つら》さ厳しさを理解し、それを一丁前に人に語る以上、観察者の側だって同じく辛い目に遭わなければ平等ではない。英語が母国語の者が、英語を母国語としない者が会話で四苦八苦する様を見てバカにしている限り、真の国際化社会など訪れないのと同じだ。

極寒の薄暗い森の中、私はトンボとただただ静かで冷たく辛いだけの時間を共にした。

こうして越冬昆虫達を相手に鍛錬し、向上させた「隠蔽解除能力」は、フィールドから「左右対称のもの」「明らかにその場の景色になじまないもの」を見抜くのに抜群の威力を発揮する。それ故《ゆえ》、私は擬態昆虫の総本山たる熱帯のジャングルなどへ行っても、枝そっくりなナナフシや樹皮そっくりなウンカなど並み居る刺客どもの擬態技を、次々に見破ることができるのだ。

私に見破れぬ擬態はない。

とある虫たちの〝隠蔽目録〟

前話で、背景に似せる隠蔽擬態系の虫や、それを野外で見つけ出すのが如何《いか》に面白く、見つけた時に気分が如何にスカッとするかについて延々述べた。こうした、いわゆる「擬態する虫」に関して面白いのは、明らかに何かに似せた姿なのにもかかわらず、自身はそれを反映した振る舞いを全く見せない種の「まっこと多い」ことだ。

初夏に長野の雑木林に行くと、しばしば樹幹に妙な芋虫がへばりついているのを見る。クロミドリシジミの終齢幼虫（口絵）だ。このチョウの幼虫は、若齢期はクヌギの大木のかなり高いあたりの葉にいるが、蛹化《ようか》が近づくにつれて、幹を伝って日に日に低い所に降りてくる。最終的に地面に降りて、落ち葉の裏に張り付き蛹《さなぎ》になるわけだが、例年なら長野中信地域あたりでは、5月の3週目には人間の目線の高さまで降りているのが見られるだろう。彼らは夜行性で、特に終齢期だと日中は樹幹に張り付いたまま微動だにせず、日没後に木の葉先まで行って葉を食べる。そして翌朝にはまた樹幹の、前日いた高さより下の方に戻るという面倒くさい動作を、完全に着地するまで続ける。

このチョウの終齢幼虫は、薄い青緑色と黒のごちゃまぜになった独特の模様をしている。その色は、まるでこの虫がへばりつくクヌギの樹幹に高頻度で付いている地衣類の模様そっくりなのだ。もし、こいつが地衣類の上にいたならば、見事な隠蔽擬態となり、絶対に敵の目には留まらないだろう。ところが、この虫が定位する場所は、決まって地衣類のない幹の表面。だから、いる場所に行って探せば、簡単にそこにいるのを見つけられてしまうのだ。

同じことが、ガにも言える。やはり長野の裏山には、前章に登場したウスアオキリガというガが住む。大理石のような美しい模様で、樹幹の地衣類の上に止まると見事に紛れて発見は至難となる(口絵)。このガは成虫越冬で、樹幹などに静止したまま動かずに冬をやり過ごす。その過程で地衣類の生えた樹幹に止まることもあるが、一方で全く地衣類のないツルッとした所で越冬する場合もある。だから、そういう場所に止まっている個体は一瞬で見つかる。このガにせよクロミドリシジミにせよ、自分が地衣類に似た姿であることを、虫自身は明らかに理解していないのだ。

ただ、こういう虫が目立つ所にいて、鳥などの天敵に見つかったとて、その天敵がその虫を虫と認識するとは限らない。天敵は昆虫学者ではないから、無地の背景に1匹佇《たたず》むクロミドリシジミの幼虫を、たまたま千切れた地衣類の断片にしか思わない可能性もある。翅を畳んだウスアオキリガもクロミドリシジミの幼虫も、パッと見は典型的な昆虫の姿をしていないため、天敵はこれらを虫ではないと認識し、スルーすることが多いのかもしれない。それならばわざわざ背景に紛れる必要がないということで、彼らの振る舞いの無頓着《むとんちゃく》さについても辻褄《つじつま》が合う感じがする。

東南アジアに、ハナカマキリ(口絵)という有名なカマキリがいる。外見がランの花そっくりな姿をしており、特に幼虫期の外見は花そのものにしか見えず、とても美しい。ひと昔前の、外国産昆虫を紹介するような図鑑を見ると、このカマキリがランの花の上に止まって獲物を待つ写真が高頻度で掲載されている。これを見て、ハナカマキリという虫の存在を知る日本人は10人が10人、この虫は花に紛れて獲物を捕るために自身を花に似せたのだと思う。しかし、実はこれらの写真は全部ヤラセと思っていい。

当時、写真家が広大なジャングルの中から、限られた現地滞在期間内にハナカマキリを自力で見つけてくるなど、まず不可能だった。私もこの十数年間、散々東南アジアに行っているが、野外で生きたハナカマキリを見たことなんて2回きりしかない程だ。とにかく生息密度が低く、現地にずっと住んでいるような人でなければ、そうそう見つける機会のない虫である。だから、写真家はあらかじめ現地人に頼んで、撮影用のハナカマキリを捕獲のうえ生かして確保しておいてもらう。東南アジアの田舎に行くと、ペットや標本用に虫を捕まえて外国人に売ることを生業《なりわい》としている者達がいるのだ。彼らはそれ故、勝手に他所《よそ》の奴らに商売道具を乱獲されるのを嫌うので、外国人に虫は渡すが、それがどこでどのように見つけたものか等の情報は決して教えない。だから、虫だけポンと渡された写真家は、本来どういう環境にいるかも分からないその虫を、いかにも自然の中で偶然見つけるべくして見つけたかのように撮影せねばならなかったのだ。そんな状況下、東西南北どこからどう見てもランの花そっくりの虫を自然っぽく撮影するとなれば、ランの花に乗せるのは致し方ないやり方だったに違いない。なお、実際にハナカマキリが自然下でどう過ごしているかというと、花も何もない緑の葉上に、ただ無造作にいるらしいことが近年分かってきた。何せ花そのものの姿なので、ただ1匹で緑の葉の上にいるだけで一輪の花になり切れるのである。だから、そこに何もせず止まっていさえすれば、天敵の目は誤魔化せるし、獲物のチョウやハチは勝手に花と勘違いしてむこうから来る。実に素晴らしい生き様。

と、ここまで私は文章中において、軽々しく擬態擬態と連呼してきた。しかし実の

ムラサキシャチホコ。灯火に来た個体。

ところ、人間の目から見てある生物が何かに似せているように思えても、それが本当に擬態している（つまり自然下でそれを捕食している立場の天敵をちゃんと騙《だま》せている）ことを実験的に証明するのはとても難しいのである。

例えば、ムラサキシャチホコというガがいる。全国の裏山に比較的普通にいるガで、長野の裏山でもよく見かけたものだ。このガ、近年インターネット上で擬態生物の好例として取り上げられることがある。それは、このガの翅に見られる奇妙な模様のせいである。このガの前翅には、赤紫と黄色がおりなす絶妙なグラデーションの模様が描かれている。それが、しおれてクルッとカールした枯葉を立体的に再現したような絵に見えるのだ。枯葉の積もった上に翅を畳んで止まると、元々枯葉じみた翅ということもあって、本当に枯葉そっくり。ちょっと目を離せば、もうどこにいるか分からない。なので、皆が一様にこれは枯葉に擬態したガだと言っているわけである。

しかし、本当にそうだろうか。私はこのガの有様を擬態と呼ぶのに、筆舌に尽くしがたい抵抗を覚える。単に想像力豊かな人間側の、空想の産物にすぎないのではないか。まず、クロミドリシジミやウスアオキリガの例に洩《も》れず、このガは自分が止まる場所に関して全く無頓着だ。たまたま枯葉の上に止まることもあるだろうが、民家の白壁や、緑の枝葉に止まっている様を見つけることの方が断然多い（なお、ネット上でムラサキシャチホコを検索して出てくる落ち葉の上の写真の大半は、最初壁や街灯などに止まっていた個体を撮影者が面白がって置いて撮ったヤラセと考えてよい。広大なフィールドの落ち葉の上から、落ち葉そっくりな虫を探し出せる人間などそういるはずがないから）。

また、このガの発生が主に新緑の季節から夏にかけてであるのも引っかかる。枯葉の季節とは程遠い。これを見た天敵が、実際にこれをカールした枯葉だと思うか否かは、限りなく怪しく思えてくる。これは人間の目には地衣類に見える虫に関しても言

枝そっくりなガ。カメルーンにて。ヤガかシャチホコガの類で、明らかに複数種いた。見た目は枝そのものだが、ニワトリには虫であると完全にバレている。

えることだ。このガを全く枯葉と関係ない所に止まらせて遠目に見ると、人が言うほどは枯葉に見えないと私は思う。ある人間が「枯葉っぽいな」という色眼鏡で最初にこの虫を見てしまい、それに感化された人間達が実際にそれを枯葉の上に乗せてみることで「やっぱり枯葉そっくりだ！」と、自己暗示をかけてしまっているにすぎないのではなかろうか。私にとってムラサキシャチホコは「擬態の好例」ではなく、「ぱっと見何かに似ていても、その生態も考慮せず安易に擬態と呼んではならない戒めの好例」である。

以前アフリカのカメルーンの奥地に滞在した時の話である。夜、ここの宿舎の玄関の灯りに、見た目が折れ枝そっくりのガが多数飛来するのを見た。このガの仲間は、翅を畳んで止まると円筒形になり、茶褐色の翅の色や胸部が白っぽいのもあいまって、折れて断面の見えている小枝の様に巧みに似せているとしか思えないのだ。ところが、このカメルーンの宿舎周辺には多くのニワトリが放し飼いにされているのだが、彼らは明け方、宿舎玄関の壁の低い所に止まるこの折れ枝ガを片っ端からついばんでいく。ニワトリは、この単なる小枝にしか見えないブツをちゃんと餌《えさ》の昆虫であると認識できているのだ。面白いことに、壁にいるガを枯葉や落ち枝の散らばる地べたに置くと、ニワトリはそれを発見できない。ガの側がちゃんと自分の止まる場所さえ選べば、天敵を上手《うま》くやり過ごすことは可能なのだ。それなのに、その止まる場所選びの無頓着さゆえ、灯火に飛来したガの大半はニワトリによって皆殺しにされていた。いろんなものに無造作に止まる中、たまたま枝や枯れ葉に止まった時だけ敵から見逃してもらえる程度の模様や形を、擬態と言い切ってしまうのはおかしいだろう。だから、この一見巧妙に折れ枝に似せた姿というのは、実際には擬態でもなんでもなく、ただ人間がこれを見て擬態と思いたいだけなのではないだろうか。

巨大ガとして有名なヨナグニサンの前翅の縁には、黄色い部分があり、これがヘビの横顔そっくりだとも言われる。このヘビを見せ付けて、天敵の鳥を追い払うのだと

ヨナグニサン。タイにて撮影。みなさんにはヘビに見えるだろうか？　ちなみにヨナグニサンは世界最大級のガといわれるが、これは翅の面積についてであり、胴体部分についてはスズメガ類でもっと大きなものもいる。

いう俗説が、しばしば薀蓄本《うんちくぼん》の類《たぐい》にも書かれている。しかし、この話に関しても誰かが実際に本物の鳥を使い、統計にかけられる程の例数を観察の上検証したことではない。個人的には、これも人間が単に擬態していると思い込みたいゆえの「作られた擬態」にすぎないと思う。そうであった方が、物語として面白いからだ。なお、私はヨナグニサンという虫の存在自体は2歳くらいの頃から知っていたが、かなり最近になって人に言われるまで、このガの模様にヘビが混ざっているなどという発想自体浮かばなかった。先入観や知識のない相手が見て、直感的に「あっ似てる」と思わしめることができなければ、それはもはや擬態の用をなさない代物《しろもの》であろう。

自然界に存在する生き物達の多彩な形態や色彩を見ると、我々は必ずそれらに何らかの意味や理由を見出《みいだ》そうとする。もちろん、大半はちゃんと意味があるからそうした形質が現在にまで受け継がれてきた結果なのだが、全《すべ》てが全てそうとは限らないんじゃないかと私は腹の内で思っている。かつては意味があったが、その後の色んな状況変化によって今では意味をなさない代物になってしまい、かといってそれのせいで著しく生存に不利になるわけでもなく、無意味にそのまま残り続けてしまっているとか、そういう例が絶対ないと誰が言いきれるだろう。

日本全国津々浦々に、本町（ほんちょう、ほんまち、もとまち）という地名がいくつも存在する。父親が転勤族ゆえ、幼い頃から各地を転々としてきた私は、どうして地理的・文化的に全然脈絡のないそれら地域で全く同じ字面《じづら》の地名が付くのか、昔から不思議で仕方なかった。何か神の大いなる意思で、それら地域間の人々が交信し意思疎通《そつう》し合った結果なのかと疑いさえしたほどだ。でも、別に北海道札幌市東区の本町と宮崎県延岡市の本町は姉妹都市なわけではないし、新潟県長岡市の本町と大阪府河内長野市の本町は、お互いに念力で通じ合って同じ名前にしようと協議したわけでもない。単に、誰もが思いつくような安直な地名だから、全国各地で各々《おのおの》が勝手に思いついて付けた結果に過ぎず、大いなる意志に全国各地の住民達が突き動かされた結果ではない。全国に本町が無数にあるのは単なる偶然であって、それ自体には何の意味も脈絡もない。

世の中に数多《あまた》存在する事象全てに対していちいち相関や意味を見出そうとし続けたら、私は頭が爆発してしまいそうだ。だから、私はしばしば「人けのない森の中で怪しい声を聴いた、謎《なぞ》の光を見た」という者に対して「ああそれは時期と場所から推測すると繁殖期のフクロウの声で、それは水辺環境がない森林地帯という場所から考えてヒメボタルかマドボタルの光で……」と答える学者気取りの者を見ると、何だか残念な気分になる。自分だって学者の範疇《はんちゅう》に入るわけだし、学者を名乗る以上自分も人から聞かれたらしばしばそう対応するのだが、でも心の中では無理に何でもかんでも理由や説明を付けず、ただ一言「妖怪《ようかい》だ」と言ってみたいのが本音なのである。

ラノベアニメの話から始まり、特殊能力使い、昆虫の隠蔽擬態、人間の思い込みにまつわる認識の問題から本町の謎、妖怪と、わらしべ長者並みに話が紆余曲折《うよきょくせつ》を経てしまった。最後に、私が一番推しているラノベアニメが『デート・ア・ライブ』（作・橘 公司《たちばなこうし》、KADOKAWAファンタジア文庫）であることを記してから、私はこの文章を保存してパソコンの電源を切り、これから溜《た》まった録画アニメの消化に移るとしよう。

水中のカプセルルーム

大学時代を過ごした、私の第二の故郷たる長野県には、至る所に清澄《せいちょう》な川が流れており、その豊富な水を利用してワサビ栽培や日本酒造りなど、特徴的な産業が方々でいとなまれている。そんな水の都は、当然ながら水に依存する数多の動植物にとってもかけがえのない住処《すみか》となっているのである。これら生物の中で、今回スポットを当てたいのがトビケラの仲間だ。

トビケラは、チョウやガの仲間と共通の祖先から分かれた昆虫のグループで、種数がとても多い。原則として、どの種も幼虫期には水中で過ごし、成虫になるとガのような姿となって空へと飛び立つ。川べりに住んでいる人であれば、夏の夜に街灯の周りに茶色っぽくて細身の羽虫が集まっているのをよく見かけるだろう。あれがトビケラである。通常、ガが止まる時のように翅を屋根形に畳んで止まるため、成虫を見た

ヒゲナガカワトビケラの成虫。しばしば夜間の街灯におびただしい数が飛来する。

者は十中八九、ガと見間違える。

止まっている時の大きさは、大きなものなら頭から翅の先端まで4センチメートルほどあるが、通常見かけるのは1センチメートル以下～2センチメートル前後の種ばかりだ。基本的にトビケラの成虫は、黒や茶色の小汚い色彩の種が多く、サイズも小さいものが大半を占めるため、およそ昆虫マニアが好んで収集する類のものではない。むしろ、昆虫マニアよりも釣り好きな人間の方が、この分類群に関しては明るいだろう。毛針のモデルとして、この手の羽虫はよく観察されているようだし、また水中にいる幼虫は、川虫と呼ばれて釣り餌に使われているからだ。特に後述のヒゲナガカワトビケラの幼虫などは、通称クロカワムシと呼ばれて、川釣りマニアの間では馴染《なじ》み深いらしい。

釣りはさておき、長野県の一部地域では、昔からトビケラを含む川虫の類をザザ虫と呼び、佃煮《つくだに》にして食べてきたことで有名である。特に県の南部のほうでは、毎年時期を決めて専門の漁師が採集しているという。元々は多種多様な水生昆虫の幼虫を全部引っくるめてザザ虫と呼んでいたらしいが、近年ではザザ虫の生息地たる河川中流域の水質が変化し、ヒゲナガカワトビケラという種ほぼ1種ばかりしか採れなくなってきた。そのため、長野県内の土産物屋で売られているザザ虫の佃煮瓶の中身を見ると、見事にヒゲナガカワトビケラの幼虫しか入っていない状況である。ちなみに、お値段は結構高い（メンソレータムぐらいの小瓶で数千円！）。

ヒゲナガカワトビケラの幼虫は、川底で不思議な巣を作って生活している。すなわち、川底の石の表面に砂利を集めて糸で固めた隠れ家をこしらえて固着させ、さらにそこから広範囲にクモの巣のような網を広げるのだ。この網に、上流から流れてくる有機物を引っ掛け、食べ漁《あさ》るのが彼らの仕事である。トビケラの仲間は、成虫の姿こそどの種も代わり映えしない上に小汚いものばかりだが、幼虫時代には特徴的な形の巣を作るものが多く知られ、その巣の形はトビケラの種により千差万別である（101ページ）。

ヒゲナガカワトビケラの作るクモの巣様の住処は、あくまでもそんなトビケラの巣の多様性のごくごく一面にすぎない。河川上流の、清澄な水が滝のように岩を洗っているような所には、茶色い靴下のような細い袋がいくつもぶら下がっている。これもトビケラの巣で、大抵はタニガワトビケラ属の仲間のものである。彼らは糸で巣を作るが、ヒゲナガカワトビケラと違ってクモの巣状にせず、上に口が開いた袋状にする。これをミノムシ風に流れの只中《ただなか》へぶら下げて固着させることで、水流と一緒に流れてくる有機物を袋に引っ掛けて餌としているのだ。

やはり河川中流域の、川底の石にコケがあまりびっしりとこびりついていないあたりには、ニンギョウトビケラという小型種がいる。彼らは、川底の粒の粗い砂利をたくさん糸でつづり合わせて、筒状の巣を作る。筒巣《つつす》は固着させないため、彼らはまるでヤドカリのようにこの筒巣を背負い、川底を這い回ることができる。だいたい長さ2センチメートル、幅6ミリメートル程度のそれは、しばしば形がいびつで、見ようによっては人っぽい姿をしている。山口県の錦帯橋では、地元の伝承に基づいてこの虫の巣を石人形と呼び、土産物として売っていることで有名である。もっとも、わざわざ錦帯橋まで足を運ばずとも、ニンギョウトビケラ自体は日本中に広く分布する普通種ではあるのだが……。

このニンギョウトビケラには、面白い天敵がいる。ミズバチという寄生蜂《きせいばち》だ。見た目は体長1センチメートル程、アリに翅を生やしただけのような、ただ黒くてつまらない外見の羽虫だ。しかし、この虫は水中に生息するニンギョウトビケラの蛹に寄生すべく、石を伝って潜水する特技をもつ。首尾よく川底の石にへばりついたトビケラの巣を見つけると、ハチはその巣材たる砂利の間に細い産卵管を突き立て、内部にいるトビケラの蛹に産卵する。孵化した幼虫は、トビケラの蛹の表面に取りついたまま中身を吸って成長し、寄主を殺したのちその巣内で蛹になる。この際、ハチはトビケラの巣から細長いリボン状の突起物を伸ばすため、寄生された巣は奇観を呈する。この突起物は、ハチが呼吸をするためのものとも言われるが、はっきりした用途はいまだ判然としないようだ。

トビケラの幼虫が種毎《ごと》に見せる営巣《えいそう》形態の多様性には、目を見張るものがある。ヒゲナガカワトビケラやニンギョウトビケラが、比較的粒の粗い砂利を使って営巣するのに対して、温暖な地域の河川のやや上流に住むグマガトビケラは、非常に粒の細かい砂を集めて、弓なりに反った細い筒巣を作る。隙間《すきま》なくぎっしりと砂粒を敷き詰めて形成されたその巣は、しかし表面はなめらかで、見ていて実に心地よい出来栄《できば》えだ。

他方、西日本の河川上流域の比較的浅い所に住むクチキトビケラ（クロアシエダトビケラ）は、石をつぎはぎして営巣せず、代わりに水底に沈んだ枝の中身をくり抜き、それを巣とする。遠目に見ると、単に水底に沈んだ枝と何も変わらないため、やや発見に難儀する。しかし、ただの落ち枝の多くが水流によって、流れのよどんだ川の縁に溜まるのに対して、クチキトビケラは関係なく至る所の水底を這《は》う。なので、流れのやや強い川の真ん中あたりの水底にただ1本、不自然に木片が沈んでいたら、拾い上げてみると大抵トビケラが入っている。

そうかと思えば、河川上流のかなり流れの強い水底にいるクロツツトビケラは、砂利や木っ端《こば》を使わず、自前の材料で持ち運び可能な筒状の巣を作る。すなわち、絹のような成分を自分で吐き出して、黒くて固い巣を形成することができるのだ。この種の筒巣は長さ1センチメートル弱、幅1ミリメートル程度の非常に小さなものだが、拡大して見ると表面に細かい溝が幾筋も走り、まるでアフリカの草食獣のツノを思わせる美しさをたたえている。山間にキャンプに行った時にでも、川で手に取れるサイズの石を持ち上げて裏側を見れば、5～6匹が平行に並んで寄り添いながら取りついているのを見られるだろう。何となく、石から生えた無精ヒゲに見えなくもない。

基本的に、筒巣を作るトビケラの幼虫というのは比較的水深の浅い所にいるものが多く、水の上から姿を見つけることができる。また、彼らは脅かしてもその場で自分の巣に引っ込むだけなので、時間が経つと再び顔を出して本来の生活に戻る。だから、水際《みずぎわ》にしゃがんでじっとしていれば、野外で観察することはそんなに難しくない生物の範疇にある。ところが、例外的に観察難易度の恐ろしく高い種がいる。キタガミトビケラは、山間部の急流の川底にだけ生息する種で、いる場所には高密度でいるが、普通はまず見ることはない。彼らの住処は常に水面が揉《も》みくちゃな激流の只中にあり、しかもあまり浅い所にはいないので、水の外からきちんと観察できない。よって、観察するには観察者自らが潜水するか、虫を水槽等に一度移し替える他ないわけだが、それがとにかく一筋縄ではいかないのだ。

キタガミトビケラの幼虫の巣（口絵）自体は、流れてくる植物片を集めて作った普通の筒巣だ。しかし、彼らが変わっているのは、その筒巣の口から長い柄を伸ばし、川底の石に固定してしまうことである。身動きできない彼らは、代わりに巣口からまるで怪獣のように巨大でガッチリした脚を上流側にグワッと広げて、流れてくる他の生物を捕食する。通常はこのように固着生活を送る彼らだが、それ故《ゆえ》周囲の敵の気配に異常なほど敏感だ。もし危険なものが迫るのを察知すると、彼らは素早く巣の固定部を嚙《か》み切り、水流に身を任せて瞬時に逃走してしまう。この虫を観察する難しさは、下手に刺激を与えるとすぐ逃げてしまい、ろくに観察できないところにある。

細かい砂を集めて作った、グマガトビケラの巣。

ニンギョウトビケラの巣。上部に、幼虫が足をのぞかせている。

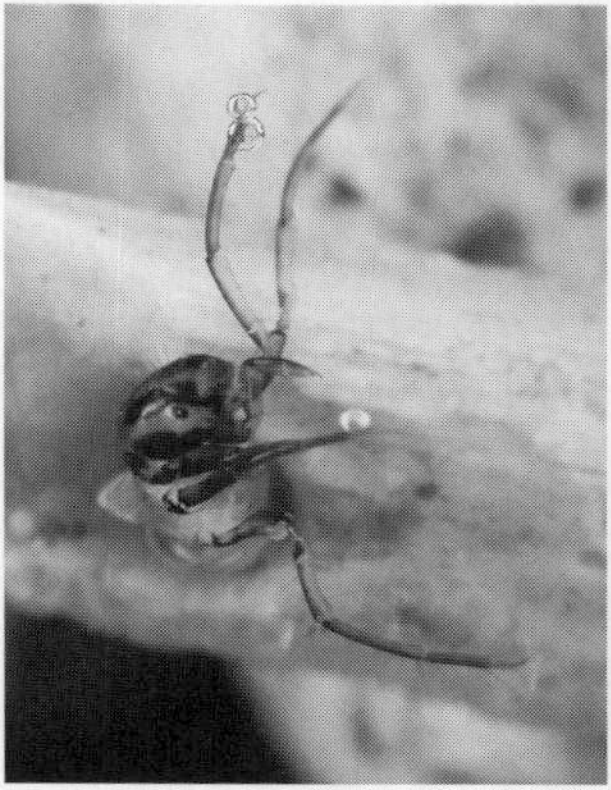

クチキトビケラの幼虫。西日本に広く生息するが、近年減りつつある。

クロツツトビケラの巣。とても小さいが、1カ所に群生するので目立つ。

例えば、水槽に移し替えようとして巣が固着した川底の石を手に取り、水から出してしまうと、必ず柄を噛《か》み切られてしまう。敏感な個体だと、水中にいる状態でそれが固着した石を手に取ろうと頭上に手をかざしただけで、もう柄を齧《かじ》り始める。この齧り行動は不可逆的なもので、一度始めてしまうとやめさせる手だてがない。逃げるそぶりを一度でも見せた個体は、もう観察には使えないのだ。この虫が脚を広げた姿は、小型ながらもまるでB級映画に出てくるモンスターのような禍々《まがまが》しさとカッコよさを醸《かも》しており、どうにかしてその様を綺麗《きれい》に写真に収められないものかと試行錯誤しているが、今のところ相手の方がこちらの思考の一歩先を行っている。

キタガミトビケラは日本のトビケラの中でもかなり珍奇な生態を持つ部類に入ると思うが、珍奇さで言えばカタツムリトビケラも外すわけにはいくまい。薄暗い山道脇《わき》の石清水《いわしみず》（岩の表面を、伏流した水が伝って流れ出ているような場所）で、岩の表面をよく見てみると、時々丸い砂粒のようなものがぽつぽつ付いている。これを拡大して見てみると、非常に細かい砂の粒子が集まってできたカタツムリの殻のような形をしているのに驚かされる。これがカタツムリトビケラの幼虫の巣（口絵）である。

この種は普通のトビケラとは異なり、大きな川や池には生息せず、こうした少量の水が年間を通じて涸《か》れることなく流れ続けているような場所にだけ住む。水深はほぼない場所なので、ほとんど陸生と言ってもいいような種だ。成虫が発生するのは初夏で、この時期に交尾・産卵する。生まれた幼虫は、少量の流水に洗われながら水底の有機物を餌に成長していき、冬から春にかけて大きく育つ。といっても、彼らの巣は最大サイズでもせいぜい2ミリメートル程度しかない。

昔、このカタツムリトビケラの幼虫を捕まえて家で育てたことがある。プラスチックの小さなタッパーに砂利を敷き詰め、水を浅く張った中に幼虫を放った。粉状に砕いた金魚の餌でよく育ち、蛹となり、5月頭に羽化して成虫となった。たった3ミリメートルほどしかない、ゴミのような黒い羽虫なのだが、拡大してよく見るとまるで黒曜石のような光沢をたたえた翅を持っていて、しばし見入ってしまったのを覚えている。

このカタツムリトビケラ、不思議なことに日本では本土と南西諸島とで、生態がかなり違っている。本土ではこれまで述べてきた通り、水量のごく少ない石清水でしか見られないのだが、南西諸島では普通に水量の多い川の水中に生息しているのだ。南西諸島の川の上流域では、しばしば川岸に生える植物の根っこが水中にむき出しとなり、流れに洗われているような場所がある。こういう所を、金魚用の目の細かい網で丹念にすくうと、よく入る。本土と南西諸島とで、カタツムリトビケラの種が異なるというような噂《うわさ》をどこかで聞いたが、現状の分類に関して私は把握していない。

数あるトビケラの中でも、今どうにかして姿を拝んでみたいものの一つに、オオナガレトビケラがある。キタガミトビケラ同様に、山間部を流れる汚染されていない川から発生する種であり、トビケラとしては珍しく幼虫期に巣を作らない。敵に容易に襲われない川底の大きな石の下に住むため、巣を作る必要がないのだ。ただし蛹化の時には巣を作る。太い胴体の脇には、剛毛のようなエラが密生し、まるで怪物の様相を呈する。実際、獰猛《どうもう》な肉食性で、同じ場所にいる他の水生昆虫を貪《むさぼ》り食う。

この虫の成虫は、生息地に行きさえすれば比較的簡単に見られると言われている（ものの、私は一度も見たことがない）。夜間、川べりの灯火に飛んでくるからだ。ところが、これの幼虫はというと、その姿を見るのが殺人級に難しい。何せ、いる場所が激流のど真ん中か滝つぼの下。しかも、大人ひとりが抱えてやっと持ち上がるか持ち上がらないかというような、川底の巨岩の下にしかいない。私が大学時代に所属していた自然観察サークルの、水生昆虫に詳しいOB曰《いわ》く、登山用ザイルでしっかり体を固定して入らないと一瞬で流されて溺《おぼ》れるほどの激流でなければ、アレは採れないらしい。

私はこの虫に関して、過去の採集記録や学術論文を漁り、そこまでの重装備でなくても採れそうな場所がないかを調べた。その結果、長野県内のとある山間部の沢ならばどうにかなりそうだということになり、ある年の夏に出向いてみた。

現地に着いて状況を見てみると、確かにザイルまで持ち出す程ではなかったが、それでも水量と流れの強さはかなりのもので、少なくとも気軽に川遊びするような雰囲気ではなかった。意を決してズボンをまくり、川へ入る。真夏の8月なのに、5分も入り続けていられない冷たさ。水流が激しく足にぶつかり、跳ね返りがバシャバシャ飛び散って全身を濡《ぬ》らした。構わず、川底に横たわるなるべく大きな岩を探し、起こす。石のすぐ下流側に片手でタモ網を構えるため、岩を起こすのは空いているもう片方の手だけで行わねばならない。半分川底に埋まった岩を片手で持ち上げ続けると、結構腕と膝と腰にくるのだが、やっている当座は楽しさと興奮で脳内麻薬が大量に出まくっているため、全く気にならない。ガバッと岩を上げると、もうもうと砂と泥の煙幕が上がる。それを丸ごとタモ網ですくうと、いろんな生き物が入ってくる。魚のカジカ、カゲロウ、ブユの幼虫などなど……。

しかし、どんなにすくっても、巨大な毛虫風の生物は入らなかった。この時探した沢をほんの少し下ると、大きな川の本流につながる。ここで探せば確実にいるのだろうが、ここはさらに水量が多い激流で、生身ではまず入れまい。私があの虫をこの手に握りしめる日は、一体、いつになるだろうか。川べりでずぶ濡れのまま下唇を噛み、地団太を踏む私を、あの毛むくじゃらの怪獣は水底からあざ笑うかのように見ているに違いないのだ。

清き流れの底に

私が信州の辺境にある大学に通っていた頃、今となっては理由は定かではないが一時ものすごい勢いでトビケラに嵌《はま》った時期があった。幼虫期の、種ごとにめざましく異なる巣の形や、その機能的な美しさにヤラれたのかもしれない。中でも前話で触れた、微小な種ながら、細かい砂粒を集めてカタツムリそっくりな巣を作るカタツムリトビケラがどうしても見たくて、かなり熱心に近所の裏山を探し回っていたのだ。今でこそカタツムリトビケラは、いる場所ではちょっと探せば馬に食わすほど見つかる超弩級《ちょうどきゅう》の普通種に落ちぶれてしまったが、当時はまだ全国的にも発見されている場所が数箇所くらいしかない、割と珍しい種という位置づけだったと思う。といっても別にこの虫が大発生したわけではなく、単に効率の良い探し方が確立されただけのことだが……。

くり返しになるが、カタツムリトビケラは、池や川の水底に生息する他の有象無象のトビケラとは、生息環境が根本的に異なる。すなわち、川の源流部分にあたるような、山間部の山道の際から水が染《し》み出て滴《したた》り落ちているような環境に限って見られるのだ。ほとんど陸生と呼んでもいい（ただし、南西諸島の個体群は完全に水生）。そうした環境は、私が足繁《しげ》くうろつき回っていた裏山の随所にあったのだが、当時まだカタツムリトビケラ経験値ゼロだった私には、どこをどう探してもそれらしきブツを発見できなかったのである。聞くところによれば、カタツムリトビケラはとにかく小さいらしく、慣れないと野外で目視にて探し出すのは困難だという。そこである日、私はそれがいる可能性が一番高いと踏んでいたある沢の源流域に行った。そして水際の土砂を適当に掴《つか》み取って、白い容器にぶちまけた。こうして、砂粒の中に紛れた小動物を見つけようとしたのである。

しかし、いくらやっても、出てくるのは関係のない水生生物ばかり。平べったい半透明の体を横たえ、へろへろと泳ぐ甲殻類のヨコエビ。細身の体で落ち着きなく歩き回る水生昆虫のカワゲラなどなど……。カタツムリトビケラらしいものは、一向に採れる気配がなかった。

カタツムリトビケラは用心深く、野外でこういうやり方で探すと動きを止めて砂粒と同化してしまうのではないか。そう思い、私は掴み取った土砂のいくらかを持ち帰り、小さな容器に入れて水を張り、半日ほど放置することにした。落ち着かせれば、あちこちをチョコチョコ動き回って見つけやすくなるだろう。だが、私の目論見《もくろみ》とは裏腹に、半日経って見ても、容器の底にそれらしきものの姿はなかった。あそこはそもそもいない場所だったようだ。急速にやる気が失《う》せて、その砂を庭に放りにいこうと、私は容器を手に取った。と、その時ふと場違いな物体が目に入ったのだ。

水を張った容器の砂に紛れるように、見たことのない赤い甲虫が動いていた。体長2ミリメートルちょっと、気をつけないと見逃すくらいの大きさ。動きは鈍く、よくよく見ないと動いているのか止まっているのかも定かではない。私は、その時それが何の虫なのか皆目見当がつかなかった。最初私はそれを、たまたま野外で砂を取った時に、周りの草から落ちて紛れたハムシか何かだと思った。というのも、その甲虫が見るからに水生のものらしからぬ風体だったからだ。

一般に甲虫で水生の種、例えばゲンゴロウやガムシ、ミズスマシであれば、脚が水をかくように変形していたり、毛が密に生えていたりと、泳ぐための何らかの形態的適応をしているのが普通だ。「俺は泳ぐぞ！」というオーラを、大なり小なり体の随所から放っているものなのである。しかし、私が発見したそれはどう見ても泳ぐための姿をしておらず、実際全く泳がなかったのだ。ただ水底を当《あ》て所《ど》なく這い回るだけだった。

溺れているならば助けねば、とも思った刹那《せつな》、待てよと思いとどまった。容器に張った水は浅く、また底に敷いた砂は緩い傾斜にしておいた。傾斜の最上部は水面から出ギリギリ出した状態にしていたため、逃れようと思えばこいつはいつでも水中から出られたはずだ。だが、こいつは今までずっと水中にいて、さっきから見ていても上陸する気配がまるでない。どう見ても水生昆虫に見えないそれは、明らかに自分の意思で水中から出ないのだ。

何なんだこいつは？

そんな不思議な甲虫を見つけた日から大分経った頃になって、私はヒメドロムシという甲虫分類群の存在を知ったのである。

ヒメドロムシ科は、日本に60種弱が知られ、れっきとした水生の甲虫である。しかし、その暮らしぶりは同じ水生の甲虫たるゲンゴロウなどとは、まるで違う。まず、ヒメドロムシは水生昆虫なのに泳げない。泳がず、彼らは水底の石や流木にしがみつき、それらの表面にこびり付く藻類を食べているのだ。ゲンゴロウにせよミズスマシにせよ、水生の甲虫には肉食性のものが目立つ。成虫は水草などを食うガムシも、幼虫期は肉食する。そんな中、一生を通して生肉とは縁のないヒメドロムシは、少し異端な存在に思える。

彼らが住む水中というのは、ほぼ例外なく川や沢など多少とも水流のある場所に限られ、池や沼などよどんだ溜まり水には生息しない。常時流れに身を置いているため、彼らは流されないように脚の先端の爪《つめ》が発達している。種によっては、体格の割に信じがたい大きさの爪を持つものがいて、その爪はまるで敵の城に忍び込む忍者が、外壁をよじ登るのに使う鉄カギのようだ。

ヒメドロムシは、どの種も清澄な水の流れる河川の、あまり泥や分厚い堆積物《たいせきぶつ》が溜まっていない川底に住んでいるため、名前と違って泥の中にはいない。昔の甲虫分類学者は、生活スタイルの詳細はいざ知らず、水底や水辺にへばりつくように生きている甲虫はどうせ泥にでもまみれて生きているんだろうと思ったのか、誰彼構わずドロムシと名付けている（ヒラタドロムシ科、ナガドロムシ科、マルドロムシ科など。いずれもヒメドロムシ科とは別の仲間）。

私があの時、裏山の細流から土砂とともに捕まえた謎の甲虫は、ヒメドロムシだったのだ。さらにその後、この分類群に詳しい専門家の方から、あれはヒメドロムシのなかでも山間部の源流域でよく得られるツブスジドロムシという種であることを教えてもらった。ちなみに、ヒメドロムシは発達した翅《はね》を持つため、たまに水から出て飛ぶことがある（おそらく交尾相手を探すため）が、それ以外の用途で陸に上がることはない。他の多くの昆虫と同様、腹にある気門という穴から空気を吸っているのに、息継ぎで水面に出てくることもない。彼らの体の腹面には、ビロード状の細かい毛が密に生えていて、水中にいる間はここに空気の泡をまとっている。もともと彼らは陸生生物なので、エラを持つ魚と違って水中の溶存酸素を直接呼吸に使えない（幼虫は別）。そのため、腹面にまとった空気の中に水中の溶存酸素を一回取り込み、これを使って空気呼吸するという、巧妙なのか回りくどいのかよく分からない呼吸の仕方をしている。だから、ずっと水中にいるままでも問題なく息ができるのだ。いちいち定期的に水面に出てきて、尻から空気を取り込み翅の下に蓄えるゲンゴロウ、あるいは尻から伸びた細い呼吸用の管を水面から出して呼吸するタガメやミズカマキリとは違う、不思議な呼吸法だ。

ヒメドロムシの仲間は小さく地味なため、少し前までは虫マニアからも注目されることが少なかった。しかし、その形態の珍奇さが再評価されてきたこと、効率良く採る方法が分かってきたことなどから、近年この仲間にハマる同好の者達が増えてきている。ヒメドロムシの採り方は、至極単純だ。川底の石や流木を拾い上げ、その表面を舐《な》めるように眺め回す。すると、そこが好適な生息地ならば、表面に小さな甲虫がしがみついているのを確認できるだろう。一方、中には水の中に伸びた植物の根っこにしがみついて住む奴もいる。こういう種を採りたければ、金魚用の目の細かい網で水中の根っこを丹念にすくう。ただ、この仲間はとにかく小さい。どの種も基本的に2～3ミリメートルサイズがデフォルトであり、これよりさらに小さい種もざらにいる。だから、仮に視界に入ったとしても、慣れないうちは小さな砂粒か何かと間違えて見逃す可能性が高い。

日本を代表する昆虫学者の一人で、馬場金太郎（1912－1993、医学博士でありながら『昆虫採集学』という大著の筆者）という人が昔いた。彼はヒメドロムシを採集するにあたり、チマチマ肉眼で探すのが面倒なので、もっと楽にたくさん集める方法がないか思案した。その結果思いついたのが、フンドシ採集法である。

川底を足で引《ひ》っ掻《か》き回すと、そこにいたヒメドロムシは驚いてしばし脚を引っ込め、しがみついていた石や流木から離れてしまう。しかし、彼らは泳げない。そのままだとどんどん流されていってしまうため、彼らはとりあえず何はなくとも脚の爪を周囲のものに引っかけようとする。この習性を利用し、あらかじめ下流側にフンドシ状に

ケスジドロムシ。体長5mm 程度。日本産ヒメドロムシ中最大種。夜間、灯りに飛んでくることもある。

ナガドロムシの一種。体長 3mm 程度。池の岸辺の湿ったところにいる。夜間、灯火に飛来することもある。

タオル等を広げて設置しておくのだ。それから上流側の石を派手に起こすと、泥煙とともに巻き上げられたヒメドロムシが、下流側のフンドシにしがみつく。巻き上がった土砂はそのまま流れていき、虫だけがフンドシに引っかかって残るので効率よい方法で、ちょっと虫に詳しい人なら大抵知っていると思う。

先述の通り、日本産ヒメドロムシの仲間は、基本的にゴマ粒サイズがデフォルトである。このサイズを見慣れてしまうと、それよりほんの1ミリメートル大きい種でも、ものすごく巨大に見えてしまう。しかし、日本には想像を絶するほど超巨大なヒメドロムシが存在するのだ。その名もケスジドロムシ。本州から九州にかけて局所的に分布する種で、最近では西日本で見つかる例が多いように思える。どのくらい巨大かといえば、なんと驚くことに5ミリメートルもあるというのだ！「5ミリメートルなんてせいぜいご飯粒程度じゃねーか！」と、普通なら誰でも思うだろうが、それはヒメドロムシという分類群の平均的なサイズを知らないから。小学生の頃、クラスの皆がほぼどんぐりの背比べ的な身長の中、一人だけ巨人みたいにでかい奴がいたという経験は誰しもあるだろう。日本各地から採集された数多のヒメドロムシ類の標本を机上に並べていって、ケスジドロムシの番になった時、思わずのけぞって見上げてしまう。そんな感じだ。

私がちょっと前まで住んでいた九州のとある川で、昔その「進撃の巨虫」が見つかった記録がある。やや古い記録であるため、今もいるかどうか分からなかったが、ある初夏の日に試しに探しに行ってみた。本数の少ない山間の電車、バスを延々乗り継いでたどり着いたのは、周囲が山ばかりの農村地帯。田畑をぶった切るように、大きな浅い川が流れていた。しかし、川べりはどこもガッチリと護岸されていて、なおかつ深さ数メートルの堀のようになっており、川へ降りられる場所が見当たらない。近年急速に高まる自然災害の危機に備えてのことだろうが、これではあまりにも気分が萎《な》える。萎えすぎる。降りられる場所を求めて、少し上流側へと歩いてみることにした。しかし、何しろ田舎なのでバスや電車の本数が極端に少なく、下手に遠くまで歩くと帰りの便の時間までに戻ってこられず、乗り損なってえらいことになりそうな様相だった。次の帰りの便の時間は、およそ30分後。短期決戦である。

上流に向かって歩いておよそ10分、やや川幅が狭くなり、何とか下に降りられる場所が見つかった。急いで降りて、川にザバザバ入った。件《くだん》の虫は、他のヒメドロムシ類とは少し生息環境の傾向が異なり、上流から流れてきて川底に沈んだ太い流木にしか付いていないらしい。この流木というものが、なかなか川底にない。探せど探せど、虫も付かないような細っこいのしか落ちていない。帰りの便まで残り10分、いよいよ焦《あせ》った時、目の前に太さ5〜6センチメートル、長さ60センチメートル程度の流木が沈んでいるのを見つけた。細いが、そこで見つけた中では一番の太さ。祈る思いで拾い上げ、舐めるように表面を眺め回す。いない、いない、いない……と、流木の先端近くのくぼんだ部分を見た時、驚いて腰を抜かしそうになった。深いベージュ色、脚の長い卵形の超巨大昆虫（5ミリメートル）が、たった1匹だけしがみついていたのだ。あまりの巨大さ、そして尊さに、川の真ん中で虫の付いた流木を空に掲げ、つい神に祈りを捧《ささ》げてしまったほど。制限時間ギリギリでどうにか無事に見つけ、慌《あわ》てて駅までダッシュして電車に飛び乗ることができた。

ケスジドロムシをはじめ、日本産ヒメドロムシ類の多くの種は、近年その生息地である河川の環境が悪化し、絶滅が危惧《きぐ》されるようになってきた。平地の河川中流・下流域に住むものは、水質汚濁や河川改修により各地で生息状況が悪化の一途を辿っている。特に、ケスジドロムシやアヤスジミゾドロムシなどといった種の場合、川底に沈んだ流木の存在が生息の重要な条件になっているため、上流に大きなダムなどができて定期的に流木が下流に供給されなくなると、個体群の存続に関わる事態となるようだ。これら昆虫達の好適な住処は適度に氾濫《はんらん》する河川なので、我々の生活の安全に直結する治山・治水工事と全くなじまない。加えて、一般社会において知名度が皆無に等しく、小さくて見た目もぱっとしない虫ケラ（実際はそんなことはないが）なので、いくら存続の危機に瀕《ひん》してもあまり積極的に保護されないのは悲しいものである。

最後に、知らない人にとっては衝撃の情報を記しておこう。海外には、その名もなんとElmidae（ヒメドロムシ科）という名の婦人服メーカーが確認できた。偶然でも何かの間違いでもなく、会社のロゴにばっちりヒメドロムシの絵が描いてあるので、本当にヒメドロムシを名乗る会社だ。よりによって、ファッションブランドでヒメドロムシとは。会社のホームページを見ても、社名の由来に関しては明記されていないが、社長はヒメドロムシにどんな思いをはせたのだろうか。海外では一会社を背負うシンボルにさえなっているヒメドロムシ。日本国内でも、もう少し注目されていいと思う。

白い洞窟《どうくつ》の赤い一滴

長らく住んでいた信州からはるばる九州に移り住んで、2年あまりが過ぎたころ。私に新しい趣味と生き甲斐《がい》ができた。地下性生物の探索である。

九州には、熊本県や大分県あたりを中心として大小無数の洞窟《どうくつ》（主として石灰岩洞窟）があって、そんな洞窟の中では、暗闇《くらやみ》に生きることに特化した多種多様な生物達が息づいているのだ。こういう珍奇な地下性生物を探して見つけ出すのが、面白くてたまらなくなってしまったのである。

洞窟の生き物といえば、大抵の人間はコウモリくらいしか思い浮かべないかもしれない。もちろん、コウモリもコウモリでとても面白い生物なのだが、彼らはあくまでも八百万《やおよろず》の地下性生物が作りだす大樹の一葉にすぎない。昆虫、クモ、ヤスデ、甲殻類その他もろもろ、米粒ほどもないような小さな生物達こそが、この暗黒世界の真の主役である。

それら有象無象の中でも抜きん出て面白いのが、チビゴミムシの仲間であろう。大きな種でも1センチメートルを超すのは稀《まれ》な、小型の甲虫の一群だ。日本には約400種前後が分布するが、それらのうち過半数の種が洞窟や地下深くに生息する。これらは共通して、体色が薄くて赤っぽい、翅が退化して飛べない、そして複眼が退化して視力を持たないという形態的特徴があるため、「メクラチビゴミムシ」と呼ばれている。彼らは眼が機能しない代わりに、長い触角と数本の細長い体毛を持っており、これで周りの物体の存在を感知しながら暗闇を疾走する。とても物が見えていないとは思えないほどの、素晴らしいスピードだ。私が生まれて初めてこの仲間の虫を見つけたのは二十歳前後の頃、場所は静岡県のとある洞窟の中だった。暗闇の中、湿った場所の石の下にいたそれは、地表にいるどんな種の昆虫とも異なる雰囲気を醸していた。深紅のつやめく体、長い脚、無駄を最大限削り取ったその姿に、私は魅了された。あれから10年間の空白期間を経て、メクラチビゴミムシの総本山たる九州にやってきて、あの時の情念がよみがえってしまったのだ。

メクラチビゴミムシの名は、しばしばインターネット上の掲示板等で酷《ひど》い名の生物として、半ば茶化して紹介される。それに対して、「研究者は何考えて命名したんだ」

とか、「命名者はこの虫に恨みでもあったのか」などのコメントが連なる、という流れがパターンとなっている。念のため強調しておくと、生物の和名というのは、その分類群を象徴する基準の種にまず名前を付け、その近縁種に関しては基準の種と比べてどんな特徴の違いがあるか（体の大小、色、ツノやキバの有無ほか）で個々の種の名前が決定されている。したがって「メクラチビゴミムシ」について言えば、たまたまゴミムシという甲虫の分類群の中に、小型種からなるチビゴミムシというサブ分類群があり、さらにその内訳に眼のないメクラチビゴミムシという仲間がいるというだけの話にすぎない。間違っても命名者が、「よし、何か今すげームカついてる気分だから、この虫の名はメクラチビゴミムシにでもしてやる」などと、いきなり思いつきで名付けたのではないことは、世間の側がもっと認知すべきである。

ちなみに、世間ではメクラチビゴミムシの和名ばかりが取りざたされるが、学名（属名）のカッコよさに関してなぜ誰も触れないのか、まったく謎である。トレキアマ（ナガチビゴミムシ属 *Trechiama*）、リューガドウス（イシカワメクラチビゴミムシ属 *Ryugadous*）、ヒミセウス（キウチメクラチビゴミムシ属 *Himiseus*）、マスゾーア（ヒダカチビゴミムシ属 *Masuzoa*）、タラッソドゥヴァリウス（イソチビゴミムシ属 *Thalassoduvalius*）など、ドラキュラ退治の物語に出てくる戦士の名だと言えば、知らない人は皆納得しそうに思える。とくにオロブレムス（キタメクラチビゴミムシ属 *Oroblemus*）など、RPGのゲームに登場する幻獣の名とでも言えば、誰もが納得しそうではないか。「中二病」の心を揺さぶる名の虫達である。

ともあれ、昨今ネットの検索エンジンでメクラチビゴミムシなどと入れようものなら、先述のようなくだらない上にふざけたサイトしか引っかかってこず、この虫の学術的な面白さの真髄が一切理解できない。研究者ではない一般の人々に身近な生物の魅力を伝えるのが、本書の主たる目的である。なので、ここではメクラチビゴミムシの真面目《まじめ》で面白い話だけを語る。

日本だけで400種前後いるチビゴミムシ達だが、これらのうち眼がない（あるいは眼の痕跡《こんせき》しかない）メクラチビゴミムシ類に関しては恐らく300種以上は確実にいて、全種が日本にしかいない。しかも、それぞれの種は日本国内でも非常に限られたごく狭いエリアにしか分布せず、なおかつ原則として、複数種が同所的に共存していない。「1地域、1メクラチビゴミムシ」の法則があるのだ。これはメクラチビゴミムシに限らず、あらゆる分類群の微小地下性生物に見られる傾向である。

ちなみにメクラチビゴミムシは洞窟にしか住んでいないと思われがちだが、そうではない。実際には洞窟のみならず周囲の地下の空隙《くうげき》にも住んでいる。なぜなら、体長数ミリメートルの虫にすれば、人が入れる大きさの洞窟もわずか数ミリメートルの砂利同士の隙間も同じこと。彼らは、洞窟を拠点に住んでいるのではなく、地下水脈にそった地下の隙間に挟まって生きているにすぎないのである。

また、そんな環境に住んでいることからメクラチビゴミムシは、とにかく乾燥に弱い。体が乾いてしまうと、簡単に干からびて死んでしまうため、自分が今生息している地下水脈の周囲から遠く離れることができない。おそらく、遠い昔には日本の地下水脈はもっと単純な流れで、この流れに沿って今日よりずっと少ない種数のメクラチビゴミムシが広域に住んでいたのだと思う。それが、その後の地殻変動に伴い、地下水脈が重ねて分断され、メクラチビゴミムシともども孤立化していった。彼らはやがて細切れに分断された各々《おのおの》の水脈周辺で、よその仲間達と一切交流を持たずに代替わりを続け、ついにはそれぞれの地域で独自の種へと分かれていった（もちろん、分断のされ方によっては水脈そのものが涸れ、滅びていった種もいるだろう）。つまり、理論上では日本国内に数多《あまた》存在する地下の水系の数だけ、メクラチビゴミムシの種数があることになり、現在、認知されている300種をはるかに凌《しの》ぐ、種の多様性を見せてくれる潜在力がこの国にはあるのだ。実際、毎年のように日本各地で新種のメクラチビゴミムシが、有志達の手によってわらわら発見されている。夢のある分類群なのである。

移動能力を持たないことが分かりきったメクラチビゴミムシという分類群は、日本の国土の地史的な成り立ちを知る上でも多くの情報を我々にもたらす、歴史の生き証人である。例えば、イズシメクラチビゴミムシという種が愛媛県に分布する。この種の直近の親戚筋《しんせきすじ》と考えられる種は、愛媛県はおろか四国全体のどこにもおらず、しいて言えば近縁な種が瀬戸内海を挟んだ対岸の本州、中国地方にいる。メクラチビゴミムシが海を泳いで渡ったはずがないので、大昔に四国北部と中国地方が地続きだったことの名残と言えるだろう。また、ウスケメクラチビゴミムシ（口絵）という（他意がないとはいえ、メクラチビゴミの上に、さらに薄毛とは！）種が大分県の東海岸沿いにいるが、これに極めてよく似た近縁種が、豊後《ぶんご》水道を挟んだ対岸たる愛媛県の海岸沿いにいる。そのため、かつて九州の北東部と四国の西部が地続きだったということが明瞭《めいりょう》に理解できる。地下性生物は、生ける歴史書と呼んでも過言ではなかろう。

さて、日本のメクラチビゴミムシは新種だらけだ、と言ったものの、じゃあそんなに日本中どこでもかしこでも新種だらけならば、明日から国民総新種発見者になれるかといったら、それは考えが甘い。メクラチビゴミムシは、とにかく捕まえる作業が過酷なのだ。

洞窟に住む種ならば、洞窟に入って石をひたすらめくれば大抵採れる（それにしたって、落盤やら滑落やら遭難やら、相応の危険を伴うが）。しかし、洞窟で採れる種の多様性は、既に昔の昆虫学者が徹底的に調べ尽くしており、実はもう新種は限りなく出ない状況にある。そのため、洞窟のない地域で地下を掘り、砂礫《されき》の隙間にいる種を狙《ねら》うことになる。こういう場所にいる種は、まだ調査が十分進んでいないため、新種発見の確率は格段に高いのだが、それに辿《たど》り着くまでの一連の作業はもはや虫採りの範疇《はんちゅう》を超えている。

地形図を頼りに、まず山間部の谷筋を脇目も振らずに登りつめる。そして、山沢の源流部ギリギリまで行き、水がなくなるくらいの場所まで辿り着いたら、そこを掘る。ためらいもせず、50センチメートルくらいを一気に掘ると、やがて地下水面にぶつかる。そしたら、今度はその地下水面を追うように水平方向に掘っていく。すると、土砂を除《よ》ける過程で運が良ければメクラチビゴミムシをはじめ種々の地下性生物が出てくるのだ。

この採集において、掘るポイント選びは極めて重要で、ダメな場所をいくら掘っても出ない。ダメそうならば、早々に見切りをつけて別の場所を当たるべきなのだが、慣れないうちはその踏ん切りをつけるタイミングを測りがたく、「あと少し掘ったら出るんじゃないか」と思い、掘り続ける無間《むげん》穴掘り地獄に陥りやすい。また、この採集方法は俗に土木作業と呼ぶのだが、これはいいというポイントに当たったら、休憩なしで2時間くらいは一気に掘らないといけない。なぜなら途中で休んでしまうと、掘る際の振動や掘ったせいで生じる空気流通の異変に驚いた虫が、どんどん地下の奥へと逃げてしまい、捕獲がなお困難になっていくからだ。それ故、土木作業のあとは全身泥だらけかつ激しい筋肉痛に見舞われるが、その結果たった1匹でも地下の空隙から深紅の甲虫が出てきたら、もう嬉《うれ》しさもひとしおだ。

一方で、新種発見の可能性はほぼないとはいえ、洞窟でメクラチビゴミムシを探すのもまた違った面白さがある。ダンジョンをさまよい、宝探しをする感じに近い。真っ暗な中をヘッドライト一つで突き進み、地面に落ちている石を一つ一つ調べていく。狭い上に湿度の高い洞内で、ずっと腰をかがめて下ばかり見ているのは、なかなかきつい。しかし、この作業を辛抱強く続けていくと、十数個に一つくらいの割合で、手に取った石の裏側に小動物が取りついているのを見つけられるだろう。暗闇での生活に適応し、体の色素が抜けた真っ白いワラジムシやクモがその筆頭だ。時々、大きなハサミをたずさえサソリのような姿をした、カニムシという生物も出てくる。そんな中、動かした石の下から小さな赤い生物がパッと走り出したら、すぐさまテンションが跳ね上がる。洞窟内で、石を動かした瞬間そこから走り出す赤い生物といったら、メクラチビゴミムシくらいしかいないからだ。また、メクラチビゴミムシの中でも特に地下生活に特殊化した大型種の場合、石の下のみならず洞窟の壁面を這い回っていることもある。真っ白い鍾乳石《しょうにゅうせき》の上にたたずむ赤い甲虫の姿は、まるで白磁の上に垂らした一滴の血液だ。

石灰岩洞に溶岩洞など、洞窟と一口に言っても様々だが、地下性生物を探すならば断然コウモリが生息する場所のほうがいい。コウモリの住む洞窟の地面には、大量のグアノ（排泄物《はいせつぶつ》の堆積）があり、それが小さな生物にとって貴重な栄養源となっているからだ。多くの地下性生物は外界を出歩かないが、コウモリは夜間洞窟から外へ飛び出し、たくさんの餌《えさ》を食べて再び明け方には洞窟に戻る。そして、洞窟内で排泄する。コウモリは、有機物の少ない地下世界に外界から有機物をもたらすという、重要な役目を担《にな》っている。コウモリが住む洞窟を見つけると、いったいどんな地下性生物に出会えるかとワクワクする。ただし、コウモリは神経質で怖がりな動物なので、繁殖期や越冬期などはみだりに洞窟に入るのは控えたいものである。

※一般向けの雑誌や書物、展示等では、しばしば差別的との理由から、メクラチビゴミムシが「メクラ」と「チビ」を抜いた名で紹介される事例が散見されます。しかし、如何《いか》なるものであれ、生物の標準和名というのはそれ自体が立派な一つの固有名詞です。個人の裁量で、勝手に都合が悪いと判断し、単語を抜いてよい性質のものではないという、著者の研究者としての信念に則《のっと》り、本稿では断固、そのままの名を表記しています。（著者）

飼うは易く育てるは難し

メクラチビゴミムシは、我々の知っている世界のまさに真裏、パラレルワールドの住人だ。彼ら自体は、我々にとってすこぶる身近な場所に生息している。都市近郊のちょっとした雑木林や裏山でも、一定規模の地下水脈さえ通っているならばまず生息していると思っていい。だからといって我々がいつでも気軽に見つけることのできる生物、ではない。先ほど説明したように、地下深くにある土砂の空隙を掘り進んで、そこにいるメクラチビゴミムシをつまみ出すことは容易ではないからだ。捕まえることさえ難しい有様なので、当然のことながら彼らの生態の詳細はほぼ分かっていないのが現状である。

状況証拠の積み重ねから断片的に分かっている生態情報は、肉食であること、年中採れること、産卵数がべらぼうに少ないことくらいだろうか。何しろ光が射《さ》さない暗黒の地下には植物が生えないので、原則としてメクラチビゴミムシをはじめとする地下性昆虫は肉食にならざるを得ない（中には、風や水の力で地下に運び込まれた枯葉や木片、あるいはそれに生える菌類を餌とする地下性昆虫もいるが）。とはいえ、地下性昆虫が主に餌としている小動物は、広大な地下の空隙の随所に散らばって生息していることが多い。深海魚は、暗闇の中で光を発するなどして獲物をわざわざ手元まで呼び寄せることができるが、基本的に地下性昆虫はそのような小ずるい策略など持たない。匂《にお》いを頼りにひたすら歩き回り、その過程でたまたま口元に触れた餌になりそうなものに齧《かじ》りつくだけである。獲物の捕獲効率は決して高いとはいえず、常に飢えに耐え続けねばならない。なので、メクラチビゴミムシは絶食にかなり強い。湿った濾紙《ろし》を底に敷いたプラスチックの密閉容器内にメクラチビゴミムシを放っておくと、全く餌をやらないでも数週間は余裕で生きている。

メクラチビゴミムシの話を世の中のいろんな人々にしていくと、ときどき「メクラチビゴミムシは家で飼えるのか」と尋ねてくる人がいる。私はそのたびに、「メクラチビゴミムシの飼育は、簡単だがとても難しい」と答えることにしている。まず、何が簡単かというと、先述のように餌をやらないでもそう簡単には餓死しないことと、タンパク質でさえあれば比較的何でも餌として食べてくれることだ。私は家で叩《たた》き潰《つぶ》したカやハエ、押し入れの奥に住みついていたクモなどを殺して脚を外したものなどを餌に、メクラチビゴミムシを2〜3カ月飼育したことがある。私の知る同好の者の中には、自分のハナクソだけで飼育したという人もいるほどだ。成虫だけでなく、幼虫もこうしたものを餌に飼育することができる。

ならば飼育は簡単じゃないかと思われるかもしれないが、それは違う。そもそも生き物の飼育というのは、ただ生き物を人工環境下で生かしておけばいいという趣旨のものではない。人工環境下において、いかにその生き物の振る舞いを、その種の本来あるべきもの、つまり野生にいる時と同様にさせるかということを常に念頭に置いてやらねばならない。具体的に言うならば、野生で行う巧妙な狩りをちゃんと行うか、繁殖してくれるかといったことなどである。それを一切考慮しない生物の飼育は、飼育とは呼ばないし呼ぶべきではない。人間に例えると、ゴムチューブだらけにして、生命維持に必要最低限の栄養を流し込んで、「ただ生かしている」だけの状態と言ってもいいだろう。昔の動物園では、サルやライオンのような大型動物を狭い檻《おり》の中に閉じ込めて、ただ「見世物」のように展示している場所が多かった。動物は、ストレスと不安で檻の中を延々行ったり来たりするなど異常な行動を繰り返すが、まさにこれこそが動物を「ただ生かしている」だけの状態だ。もはや剝製《はくせい》とは、息があるかないかの違いしかない。だからこそ、最近の動物園では動物の生態を考慮してこの手の檻飼いをやめ、深い堀で囲んだ大きなスペースで飼育するようになったのだ。

メクラチビゴミムシの飼育に話を戻すと、何が難しいかと言われたら、まずは繁殖させることである。人工環境下で、産卵・孵《ふ》化《か》・幼虫の成長・蛹《よう》化《か》・羽化という一連の流れを再現させ、代替わりさせること（累代《るいだい》飼育）が非常に難しい。容器の中にメクラチビゴミムシのオスとメスを入れておくと、比較的すぐ交尾する。しかし、その後そのメスがちゃんと産卵するかといえば、これがなかなかしない。大抵は、産卵する前に死んでしまう。うまく産卵させても、卵が孵《かえ》らなかったり幼虫が育たなかったりする。しかし、メクラチビゴミムシの管理において一番やっかいなのは、蛹《さなぎ》から羽化したばかりの成虫の管理だ。羽化直後の昆虫は体がとても柔らかくて色素も薄く、この状態をテネラルと呼ぶ。セミが羽化した直後の、全身が青白くて翅を伸ばしている最中の様を想像してみるとよい。メクラチビゴミムシはただでさえ体が柔らかく血色の悪い色彩をしているが、このテネラルの状態はそれに輪をかけてさらに軟弱だ。虫の形をした水そのもの。体はほぼ琥《こ》珀《はく》色《いろ》と呼んでいいほどに色が薄く、衝撃と乾燥に弱い。下手に水気のないところに放置してしまうと、短時間で体が陥没して死んで

タイシャクナガチビゴミムシの幼虫。体長 6mm 程度。中国地方の特定の洞窟に生息する種で、成虫はかろうじて機能的な複眼をもつ。幼虫は細長い体で石の下を這い回り、小動物を食い漁る。

ハベメクラチビゴミムシのテネラル。色は薄く、琥珀色のよう。東海地方の石灰岩洞窟に固有だが、周辺地域の開発により地下水位が下がって洞窟内が乾燥してしまい、2000 年以後確実な発見記録がなかった。この個体は 2016 年 5 月、その洞窟と同じ分水嶺上にあるただ 1 本の沢だけで発見に成功した個体で、最新の記録となる。

しまう。かといって、水気を多くしすぎると、今度は溺《おぼ》れて死ぬ。非常に繊細な温度・湿度の管理が求められる。しかもこのテネラル状態の期間は、異様に長い。セミやトンボであれば、羽化してからわずか数時間で体に色が付き、外骨格もしっかり固くなる。しかしメクラチビゴミムシの場合、体がちゃんとしっかりした状態になるまで最低でも3～4カ月はかかるようなので、その期間中ずっと繊細な管理を続けねばならないのだ。とにかく生かしておくのが難しいし、綺麗《きれい》な標本にするのも難しいテネラルのメクラチビゴミムシが出てくると、それがたとえ山奥での数時間にも及ぶ過酷な「土木作業」の末ようやく見つけた1匹だったとて、思わず舌打ちしてしまう。

しかし、透き通るような金色に輝くテネラルは、暗黒の地下から掘り出した一粒の砂金に相通じる尊さがある。それもまた事実である。

地底の叫び

光も射し込まない地下深くの隙間《すきま》という、我々の生活とはまるで無縁に思える環境に生息しているメクラチビゴミムシだが、実は彼らの多くは我々の何気ない日常生活の営みによって絶滅の危機に立たされている。これはメクラチビゴミムシに限らず、全《すべ》ての地下性生物に関して言えることである。地下性生物というのは、生物の中でも著しく地域固有性の高い連中だ。そして、もともと環境変化が少なく安定した地下に住んでいるため、ほんの少し湿気がなくなった程度のことで、もう生きていけない。しばしば、絶滅しそうだから保護しましょうなどと言われ、方々で乳母日傘《おんばひがさ》の保護活動がなされるナントカ蝶《ちょう》やらカントカ蜻蛉《かげろう》なんぞよりは、遥《はる》かに絶滅の危機に瀕したものが少なくないのだ。しかし、いかに絶滅の淵《ふち》に立たされようと、こうした類《たぐい》の生物はまず保護されず、気づいたら既に滅びていたというパターンが多い。いや、滅びたことに気づいてもらえるならば、まだマシなほうか。大きな体、美しい翅、美声を持たなかった希少生物は、えてしてそういう末路を辿るものである。

　都市開発や道路建設に伴い、地下水脈が突然分断されたり枯渇《こかつ》すると、乾燥に弱い彼らは一発で死に絶える。農地開発により地上で農薬が撒《ま》かれれば、やがて雨水とともに地下に浸透していく。こうした化学物質が、地下性生物の存続にいかなる影響をもたらすかに関しては、まだ我々は詳しいことを知り得ていない。また、洞窟の過剰な観光地化も問題だ。「洞窟」という非日常的空間は、それ自体が客寄せのレジャー施設として（特に観光資源の乏しい地方においては）安易に開発されてしまいやすい。今の日本は、「責任」という二文字を極端に恐れる。どこでもかしこでも、とにかく何か事故や問題が起きると、それが自然の成り行きに起因する不可抗力ゆえだったとて、誰かのせいにせねば気が済まない。洞窟に入った客がつまずいてケガをしたら訴訟沙汰《ざた》だと、洞窟内の地面の石はすべて綺麗に片づける。泥で客の靴や服が汚れたら訴訟沙汰だと、洞窟内の湿ったぬかるみは全部コンクリートでガチガチに固める。暗い中、客が岩に頭をぶつけてケガをしたら、これまた訴訟沙汰だと、天井にはくまなく白熱電球をぶら下げて煌々《こうこう》と洞内を照らす。日本中、どこもこんな下らない観光洞窟ばかりになってしまった。

地面の舗装と清掃により、洞窟内に住む微小な地下性生物達は物理的に身を隠せる場所を失う。本来暗黒の地下に人間がもたらした強い光の照射は、生き物にとってそれ自体ストレスとなるし、照射される熱による洞内の乾燥で永続的にそこに住むことができなくなってしまう。洞窟内の観光整備は、ダブルパンチ、トリプルパンチとなって地下性生物達を叩きのめす。

荒廃した観光洞窟で見られる典型的光景の一つに、天井や壁に取り付けられた人工光源の周りにコケやシダが生い茂る様が挙げられる。光の射さない地下に、光合成する緑色の植物が茂るなど、本来ありえない光景だ。どことは書かないが、以前とある地方の観光洞窟に入った際、地下数十メートルの縦穴の底の壁面に蛍光灯が設置され、例によって周りがコケだらけになっているのを見た。コケの周りには地下性のまっ白いヤスデが集まり、コケを一心不乱に食べていた。それを観察していた時、たまたまそこの洞窟の案内をしていた係員の若者が、団体の観光客を引き連れてやってきたのだが、あろうことかその係員はヤスデを指さし「このように洞窟に生えるコケを食べて生きている生き物がいるんですよー、地下では独自の生態系が形成されてるんですねー、自然て不思議ですよねー」などと客に教えているのを見て、呆《あき》れてひっくり返りそうになった。この男は、いったいどれくらい長くここに雇われているのか知らないが（そして、何も知らない市民にこんないい加減な知識を与えていくら給料を受け取っているのか知らないが）、洞窟に植物が生えていることが如何に自然本来の状態からかけ離れた、メチャクチャな有様かを理解できないんだろうか。

ヤスデは別にコケを喜んで食っているわけではない。元々餌となる有機物が少ない地下環境に、突然人間がコケという本来ありもしない有機物をもたらしたから、それに群がって本来食いもしないコケを食っているにすぎない。何から何まで人間に作り替えられ、生き物の本来の生態まで歪《ゆが》められたこの異様な光景の、いったいどこに自然があるのだ。「お前は帰れ！　俺が代わりに解説する！　この洞窟がいかにクソかを！」と、よほどそいつの手からメガホンを取り上げてやろうかと思ったのを覚えている。こういう観光洞窟に限って、「自然保護のため鍾乳石を傷つけないでください」などの立て看板をあちこちに立てているのだから、臍《へそ》が茶を沸かす。

しかし、地下性生物達の生存にとって一番のかつ避けがたい脅威は、なによりも石灰岩の採掘だろう。我々は身の回りの様々なものを作るのに、石灰を使っている。家の窓ガラスにも、毎日通勤通学に使う道路のアスファルトにも、医薬品にも。そうした石灰はどこから来るのかといえば、石灰岩地帯の山を丸ごとダイナマイトで爆破し、壊したものを加工して持ってきているのだ。石灰岩地帯は、地下に空隙ができやすく、また地質的に複雑な成り立ちをしているようで、しばしば狭い地域内（たかだか半径10キロメートル以内）に凄《すさ》まじい種数のメクラチビゴミムシが共存域なく棲《す》み分けている例が知られる。逆に言えば、それら個々の種の分布域は非常に狭いということ。だから、たった山一つ、谷一つ切り崩すだけで、容易に種の一つ二つが地球上から永遠に失われる。大分県のある山に住んでいたコゾノメクラチビゴミムシは、唯一《ゆいいつ》の生息地たる山が採掘のため原形もとどめず爆破されてしまい、既にこの世から消えている。しかし、そうかといって石灰の採掘を今更やめられるかといえば、やめられるはずがない。今の我々から石灰を抜いたら、きっと我々の生活水準はウン十年、ウン百年前にさかのぼってしまう。だから、我々はこれからも多くの地下性生物達の屍《しかばね》を見て見ぬふりをしつつ、石灰岩を採掘していくことになる。石灰は国内で唯一自給可能な鉱物だと言われるが、自給と言ったって今ある分を一方的に食いつぶしているだけだ。そして、失われた山はもう元には戻らない。

地下性生物の危機といえば、こんなことがあった。熊本県のある山奥の集落脇《わき》に、歴史から忘れ去られた小さな凝灰岩洞が存在する。50年ほど前、その中で数匹見つかったきりのメクラチビゴミムシの種がいる。私はそれを探すべく、1年前にその集落を訪れたのだが、付近のどこを探しても件の洞が見つからない。そこで、集落の最長老に尋ねてみたところ、なんとその洞はもうないという。2000年代に入ってすぐ、付近で大きな道路工事があり、その時出た残土をあろうことか、件の洞が開口していた集落脇の崖下《がけした》に捨てたのだ。そのため、洞口は埋まってしまい、もはや中に入れないらしい。その場所に実際案内してもらったが、やはり洞窟はなかった。ただただ大量の土砂と瓦礫《がれき》が崖下に堆積しているだけ。私は諦《あきら》めるに諦められず、その後何度もその集落に通い、付近の沢を掘るなどして何とかメクラチビゴミムシを再発見できないかと試みた。しかし、この集落付近一帯は堅い岩盤が剝《む》き出しの箇所が殆《ほとん》どで、人力で掘れる場所などなかった。かつてここに存在したメクラチビゴミムシは、もはや人類の前から永遠に姿をくらましてしまったのだ。

　そう思いつつも、持ち前の諦めの悪さゆえ、私はなおもそこの集落へと、時間さえあれば通った。そんな徒労を1年以上も続けたある日、私は気づいてしまった。崖の下にある、捨てられた土砂の堆積の最上部にたたずんでいた時、ふと上を見上げたら、頭上の崖に一際《ひときわ》深い縦の亀裂《きれつ》が走っていることに。妙に気になった私は、苦労して垂直な崖の壁面をよじ登り、亀裂の奥を覗《のぞ》いてみた。なんと、そこには洞があった。実は、地元の最長老が言っていたことは彼の思い込みにすぎず、洞はまだあったのだ。当初想定していたよりも、ずっと上方に開口していたため、からくも洞は埋没を免れていたわけである。入り口は深い亀裂の最奥《さいおう》にあり、ちょっと見ただけではまず存在に気づけない雰囲気だ。私は早速その中に潜ってみた。幅と高さが70センチメートルくらいしかない、極めて狭い横穴で、内部では匍匐《ほふく》前進以外の体勢がとれない程だった。しかし、せいぜい奥行き70センチメートル程のその洞内を往復する中で、私は念願のメクラチビゴミムシを何匹も発見できたのだった。

1年越しの労が報われた日だった。バスと電車を乗り継ぐ、いつもは憂鬱《ゆううつ》な片道4時間の帰路も、足取り軽やかだった。これに味をしめた私は、その2週間後またこの地を訪れた。この日もメクラチビゴミムシをはじめ、地下性のヤスデやクモなど変わった生物達と洞内で触れ合った。小規模ながら、この洞内には実に多数種の生物がひしめいている。今後さらに通い詰め、ここの生物相を詳しく調べてやろう。そう思って帰宅した4日後、事件が起きた。かのいたわしい、熊本地震が発生したのだ。実は、件の洞がある場所というのが、最大震度7を観測した震源地のすぐ近くだったのである。その後も熊本、大分の随所で大規模な地震が頻発し、人々の生活に甚大《じんだい》な被害を及ぼしたことは記憶に新しい。

あの地震以降、私はあの界隈《かいわい》の洞窟に行っていない。地震で内部が崩れやすくなった状態で洞窟に入るなど自殺行為にも程がある。一体、洞窟はどうなってしまっただろう。せっかく1年がかりで見つけ出したのに、今度こそ崩れて埋まってしまってはいまいか。現地の人々の暮らし、そして地下性生物の無事を祈りたい。

しかし、不謹慎を覚悟であえて考えると、これまで日本各地に数多のメクラチビゴミムシ達を生み出したメカニズムとは、こうした地震などに伴う大きな地質の移動、変化だったはずである。地下断層のズレが引き起こす、地下水脈の分断や流路変更の積み重ねが、それに寄り添う地下性生物の孤立化、ひいては種分化をもたらしてきた。ある人は、日本は地震の活動期に突入したと言う。それを思えば、今我々はこれから地下性生物が進化していかんとする、重大な過渡期に立っているのかもしれない。

第三章　新種をめぐる冒険

平凡と珍奇のあいだ

私も、虫の研究を生業《なりわい》にし始めてから結構長く経《た》つ。こういう仕事を続けていると、しばしば虫に関してあまり明るくない一般市民の方々が、「道端で大変珍しい虫を見つけた。これは間違いなく新種だと思うが、やっぱり新種ですよね？」とやたら興奮気味にド普通種（だが形態はやや変わっている）の虫を博物館やら大学やらへ持ち込んでくる（口絵）。私も何度か、必要にかられてそういう方々の応対をしてきたのだが、不思議なことに、そういう方々の中には少なからず、「これは普通にいるナントカ虫ですよ」と事実を教えると、途端に激しく怒り出す人がいる。こっちは正体を教えてくれと言われたから嘘《うそ》偽りなく教えただけなのだが……。自分の中ではこの世の理《ことわり》を覆《くつがえ》す世紀の大発見だと思っていたそれを、あっさり否定されたのが許せないのだろうか。

日本国内には、実のところ相当数の新種の昆虫が眠っていると推測される。ただし、それらの大半は米粒ほどもない微小な甲虫、ハチ、ハエなどと考えられる。なおかつ、それらは解剖して毛ボコリよりも小さな生殖器の形を顕微鏡下で観察して、やっと既知種と区別できるというレベルだ。残念ながら、昆虫学に心得のない一般市民が、その辺の道端をふらっと歩くだけで一目見て発見できる新種などというのは、少なくとも日本ではもう残っていないと思っていい。古《いにしえ》より連綿と築き上げられてきた、先達の昆虫学者達の仕事ぶりを過小評価してはならない(※)。

私は幼い頃から虫ばかり追い求めてきたので、必然的に昆虫学の何たるかを、経験上おぼろげにも理解しているつもりでいた。だから、少なくとも日本国内で、どんなに外見が珍奇で見慣れない虫を見つけたとて、「まあ、これは単に俺が知らないだけで、学術的にはもう存在の知られたものなんだろうな」という諦観《ていかん》をもって見るようになった。自分が新種を見つけるなどという前提を、ハナから取っ払って生きてきたのだ。

そんな私が、実は過去に一回だけ、あろうことか本気で日本で新種の虫を見つけたと思い込む大失態をしでかしたことがある。しかも、大学生になって以後の話だから、結構最近のことだ。

　長野在住時のある晩秋の日、行きつけの高原まで原付バイクで向かった。ここには森を開いて作ったオートキャンプ場があり、利用者用に露天の炊事場が用意されている。ここで原付を停めて、敷地内を何気なく歩き回っていた時、炊事場の流し台の中に奇妙な虫が落ちているのに気づいた。私は日本で見られる大抵の虫ならば、種までは分からずとも「だいたいあの仲間だな」程度は見て察しがつく。ところが、その虫は種どころか科レベルでさえ、当時の私には正体が皆目見当つかなかったのだ。

　体長2センチメートル、全身褐色のまだらにおおわれている。姿形からして、バッタ系なのは明らかだった。一見、カマドウマかなとも思ったが、体型が違う。カマドウマ特有の、カップ麺《めん》に入ったエビ風の猫背ではなく、円筒形をしている（これでカップ麺を食えなくなる読者が何人いるか楽しみだ）。そう、どちらかといえばコロギスっぽい姿にも見える。けど、これはカマドウマでもコロギスでもない。

　当時、私の手に取れる範囲にあった如何《いか》なる図鑑にも、それらしきものは図示されていなかった。これはもしかしたら相当ヤバいものを採ってしまったのではないか？

　そう思った私は、その新種、もとい新科のカマドウマモドキコロギスを捕らえ、すぐさま標本にした。見るからに新種なのは疑いようもない。いつかこれをバッタ系の分類専門家の所に送り付けて、正式に記載してもらおう。名前は何がいいかな？　長野で見つけたから、せめてシナノという文字は入れてもらおうかな……あたりまで皮算用を巡らせた。産まれた我が子の名前を考える親の心境たるや、こんな感じなんだろうか。いずれ来る新種発見の誉れを夢想し、しばらくは寝る前に布団《ふとん》を頭まで被《かぶ》ってジタバタする日々だった。

それから2年くらい経っただろうか。日本のバッタ系昆虫ほぼ全種を標本写真付きで網羅した、『バッタ・コオロギ・キリギリス大図鑑』（日本直翅類《ちょくしるい》学会編、2006定価55000円！）というものが世に出た。たまたま大学の研究室でそれを買ったため、私はワクワクしながら中身を見た。その時だった。クチキウマという、かねてから名前だけは知っていたが姿形がどんなものか知らなかった虫の図が出ているページを開いてしまったのは。ページ一面に、バッチリ名前付きでビッシリと、いろんなクチキウマの標本写真が掲載されていた。その全《すべ》てが、あの、新科シナノカマドウマモドキコロギス科の新種シナノカマドウマモドキコロギスとして世に発表されるはずだったそれと、寸分違《たが》わぬ姿形をしていた。

クチキウマという分類群自体の存在は、かなり昔から日本国内で知られていた。そんなものを、間抜けにも新種と思い込んでいたこと。顔も知らない専門家に、ドヤ顔で新種どころか新科だと称して標本を送り付けようと本気で検討していたこと。あまつさえ、新しい名前の候補、マスコミの会見に備えた原稿まで脳内で周到に準備していたこと。それら全てがない交ぜとなり、以後しばらくは先のとは全く異なる意味で、寝る前に布団を頭まで被ってジタバタする日々が続いた。そんなわけで、私にとってクチキウマという虫は、見るととても微妙な気分にさせられる虫と成り果てたのである。

とはいっても、この一件以後私が野外にてこの虫を見かける機会は、（幸いながら）そうはなかった。なぜならクチキウマは、野外では狙《ねら》って探そうと思わなければまず発見できない虫だからだ。彼らは、やや標高の高い山間部の樹幹や太い枝にしがみついて暮らしている。体の色彩が地味で目立たないため、見つけ採りが難しい。なので、通常は虫がいそうな枝を棒で叩《たた》き、下に白布を構えて受け止めるやり方で、この虫は採集される。ただし、この虫はあまり活発ではない上、枝や幹にがっしりしがみついているため、軽く叩いたのでは全く落ちない。頑丈な鉄パイプでもって、目につく灌《かん》木《ぼく》という灌木を力任せに思いっきりシバいて回らなければダメだ。

クチキウマという虫自体は、生息地内では殊更《ことさら》少ないものではないらしい。しかし、このように採集がかなり面倒なこと、さらにそこまでの労をかけてまで採るほど魅力ある虫と思わない虫マニアが多い（何せ見た目はカマドウマの贋作《がんさく》じみた虫だ）ことなどから、大半の虫マニアからは今なお見慣れない、どちらかといえば珍しい虫と思われ続けている。

虫マニアにおける普通種と珍種の線引き加減は、個々人により大きく異なる。単純に数が少なければ珍種というわけでもない。いくら個体の絶対数が多くても、それを採って最終的に自分の手中に収まる数が少なければ、その人にとっては珍種ということになる。一方、効率よい採り方が分かったせいで、それまで多くの虫マニアから珍

カマドウマ。田舎では家屋にも侵入する。写真は久米島産の亜種。

コバネコロギス。沖縄では比較的よく見られる。日中は木の葉を巻き、口から出した糸で固定してその中で休む。

クチキウマ。筆者は新種だと思ったのだが……。飛べないため、各地で特有の種に分かれる傾向がある。

種扱いされていた種が普通種に成り下がる例もある。

例えば、南西諸島や東南アジアの森にキボシセンチコガネという虫がいる。糞転《ふんころ》がしの一種たるこの虫は、しかし動物の糞には一切来ない。通常どこに潜んでいるかが全く分からないため、この虫が採れるのは本当に偶然に依《よ》る他なかった。夕刻、林内をたまたま飛んでいるのを見つけて網ですくい採るのが、長らくこの虫を採る唯一《ゆいいつ》の術とされ、かつては結構珍しがられていた。

しかし、近年になって衝突板トラップという、飛んでいる虫を専門に捕獲する罠《わな》が考案された。基本原理は、透明なアクリル板を地面に垂直に立てるだけという単純なもの。アクリル板の土台部分には、虫を殺す薬液で満たされた皿を設置する。これにより、地表すれすれを飛ぶ虫がアクリル板に間違って衝突落下し、そのまま下の皿にはまって捕らえられるという仕組みだ。これを森にいくつか置くだけで、キボシセンチコガネなどかつては偶然飛んでいるのを叩き落として採るしかなかった虫が、たくさん採れることが分かってきた。以前マレーシアに昆虫調査で行った際、同行者がジャングルに仕掛けたこの罠を覗《のぞ》いたことがあるが、受け皿の中におびただしい数のこの手の甲虫がはまっているのに驚かされた。そうしたことから、今日キボシセンチコガネは、以前ほどは珍しがられることはなくなってきたわけである。

なお、採集自体は容易となったキボシセンチコガネだが、これが本来どこで何を餌《えさ》に生きて過ごしているかは、相変わらず今も判明していない。まるで、普段は我々が認知できない異世界のパラレルワールドに住んでおり、時折こちらの時空に転移して我々の眼前にその姿をさらすが如《ごと》くだ。一説では、地下に生える特殊な菌類を探知して潜り、餌にしているらしいとの噂《うわさ》があるが……。

ヨツボシカミキリという、日本のカミキリムシの中でも鼻血レベルの究極の珍種がいる。私もこの30年間、日本のどこを探っても自力で見つけることができないでいる。しかし、この天然記念物級の絶滅危惧種《ぜつめつきぐしゅ》、どういうわけかある一定年代以上の虫マニア達は、口を揃《そろ》えて昔は日本全国に普通にいたというのだ。多分、皆お歳《とし》を召し過ぎてモーロクしてるのだと思っていたが、そうでもないらしい。

かつて里山の雑木林が薪炭を取るため、定期的に間伐されていた頃、適度に開けた広葉樹林に生息するこの虫にとって、好適な生息環境が日本各地にあった。それが、日本人の生活スタイルの近代化とともに、雑木林が放置されて鬱閉化《うっぺいか》が進み、さもなくば雑木林自体が潰《つぶ》されて宅地に変わっていった。全国同時多発的に生息環境がなくなってしまい、ヨツボシカミキリは日本中から消えていったのだ。もっとも、この虫の劇的な「いなくなり加減」は、それのみでは到底説明がつかず、もっと根本的かつ致命的な理由が他にあると推測されている。

そうかと思えば、近年いきなり普通種になってしまった絶滅危惧種もいる。エサキクチキゴキブリは、森林の倒木内に食い入って住む大型のゴキブリだ。九州北部のある山で1940年代に得られた少数個体に基づき、新種として発表された。しかしその後、この山からこのゴキブリは全く見つからなくなってしまった。そのため、このゴキブリはとても珍しい種と見なされ、一時は環境省のレッドデータブックにも掲載されるほどだった。

それが2000年代に入り、どういうわけか再びこの山でぽつぽつ見つかり始めたのである。次第にその数は増えていき、2018年時点では、ちょっと森に入って地面の倒木をほぐせば、普通にわらわら出てくる有様だった。九州の他地域からも次々に産地が見出《みいだ》され、大して珍しくもなくなったことから、最新の環境省レッドデータブックからは名前が削除されてしまった。

この山は、日本の昆虫学を古より牽引《けんいん》する、天下の九州大学農学部が継続して昆虫の生息調査を続けてきた場所だ。エサキクチキゴキブリはかなり大型で目立つ種なので、いれば見つかるだろうし、いなければ見つからないだろう。だから、近年になって、て突然見つかるようになったのは、急速にこの虫の生息条件を劇的に改善させる何らかのイベントが、この山で起きたからに相違ない。それが何なのかははっきりしないが、一つ可能性として挙げられるのは、シカの増え過ぎである。この山に限った話ではないが、近年日本の野山でシカの急増と、それに伴う農林業面での弊害が深刻化している。殊《こと》に件《くだん》の山はシカの食害が目に余る状況で、多くの森の木がシカにより樹皮を剝《は》がれて枯れ、倒れている。これにより、朽木を住処《すみか》とするこのゴキブリ達にとって営巣《えいそう》環境が好適になり、数を増やせたのではないだろうか。

しかし、森の既存の木は倒れる一方で、森の次世代を担《にな》う若い木はほとんど育っていない。芽吹いたそばからシカが皆食い尽くすからだ。このままの状態で推移したなら、いずれ森の木は全部倒れ尽くしてしまい、森自体が消滅する。そして、湿潤な森にしか住めないこのゴキブリ達は再び姿を消し、絶滅危惧種に返り咲いてしまうであろう。虫は環境の鏡であり、よい環境ではいくらでも増えるが、ダメな環境では立ちどころに死に絶えるのだ。

今日、道端でクロヤマアリを見かけた。日本のアリの最普通種たるこの虫も、今後地球温暖化により気温上昇が進めば、分布が狭まり、きっと絶滅危惧種になるのだ。

今から50年後、道端の至る所に「アリを踏むと法律で罰せられます」の看板とともに規制線が張られ、おちおち庭も歩けない日本にならないことを祈る。

※「一般市民の持ち込む虫に新種なし」が私の個人的かつ絶対的な見解だが、一方でこうした市民からの知らせや持ち込みにより、これまで国内で知られていなかった外来生物の生息が確認されるという事例は非常に多い。物流に伴い、あるいは（非）意図的な放逐により、昨今国内では毎年のように新たな外来生物が見つかっている。

これら未知の外来生物は、在来の生態系はもとより我々人間の生活にいかなる影響を及ぼすか、全く予測がつかない。そして、ひとたび繁殖・定着してしまうと、あとになってそれが致命的かつ破滅的な弊害をもたらすことが判明したとて、既に打つ手がなくなっているケースがほとんどである。そのため、外来生物対策においては定着前にその存在に気づき、駆除してしまうことが肝要であって、それには多くの市民の目による日頃の監視が何より重要だ。なので、市民の皆様方には「どうせ新種の可能性がないならいいや」と言わず、変わった生き物がいたら積極的に専門機関に相談することを、私は勧めたい。もしかしたら、人類を救う英雄になれるかもしれないのだから。

ちなみに、少なくとも昆虫の持ち込み先に関しては、大学よりも博物館を選ぶ方がタライ回しにされずに済むと思われる。私を含め、大学にいるムシのセンセイというのは、自分の専門とする分類群以外の昆虫のことを聞かれても何も答えられないのが普通だからだ。

「新種」の名は

前回、自分が見慣れない虫を新種と言って大学などに持ち込む方々がいるという話をした。

「新種」。

読んで字の如く、新しい種だ。甘美な響きである。しかし、世間でこれほど誤解されている言葉、あるいはそれが指す生物も珍しいのではなかろうか。

「新しい種」と言うと、生き物に詳しくない人の中にはB級ホラー映画などでありがちな、極秘の生体実験の最中に間違って混ぜてはならないものを混ぜてしまい、突如誕生した新生物みたいなイメージを持つ人がいるかもしれない。

恥ずかしながら、私も幼い頃テレビで「地球上では環境破壊によって、1秒間に何種の生物が絶滅しており……」のような番組を見る一方、「どこどこのジャングルで、新種の鳥が発見されました」のようなニュースを聞くにつけ、おかしな考えを巡らせたものだった。

地球上から何か生物の種が絶滅すると、その魂があの世で転生して別の新しい生物の種になる。そして再びこの世に現れたものが、新種として今日発見されている生物の正体なのではないか。今地球上にいる全ての生物は、ヒトでもライオンでもヌタウナギでも何でも、大昔に絶滅したトリケラトプスとかマンモスとかの魂がよみがえって第二の地球生活を始めた姿だと思いこんでいたわけである。つまり、地球上に存在する生物の種数は常に一定であり、理屈は知らないが何かが絶滅したらその分が玉突きのように自動的にどこかから補充されている、というのが私の頭の中に展開されていた世の摂理の設定だったのだ。もちろん、そんなアホなことはない。

新種というのは、別に絶滅した種の補充要員として神が新たに遣わしたものではなく、ましてどこかのマッドサイエンティストが混ぜてはならない薬品AとBを混ぜて作っちゃった代物《しろもの》でもない。元々地球のどこかに生き続けていた生物の種であり、その存在に人類が今の今まで間抜けにも気づかなかっただけのことである。コロンブスの「新大陸発見」よろしく、探す側が今更初めて対象の存在を認知したということにすぎない。

ともあれ、このように時々テレビで「新種の鳥が発見されました」「新種の深海生物が発見されました」などのニュースが流れることがある。大抵、こういう一般大衆向けのメディアで報じられる新種の生物は、ある程度体のサイズが大きかったり、外見が派手で珍奇なものである場合が多い。我々はそうしたニュースを見るたびに、「さすが新種の生き物は変わった姿をしてるなあ……」と思いこむ。すなわち、「新種の生き物＝話題性があってしかもヘンな外見でなければならない」という先入観を、日常的に植え付けられている。また、新種生物発見のニュースというのは、普通にテレビや新聞を見ながら過ごしている限り、そんなにしょっちゅう目に触れない。せいぜい、年に2～3回くらいある程度だろうか。だから、新種などめったやたらに見つからないものである、と世の中の大概の人間は思って生きている。ところが、実際のところ新種の生物など日本を含め、世界で毎日のように見つかり、発表されているのだ。

新種の生物が見つかったという知見は、原則として国際的な学術雑誌に論文（記載論文）という形で発表される。こうして論文を書いて世に新種を発表することを、我々は「新種を記載する」という。中には、半ば新種を記載するために特化した分類学専門の学術雑誌というのもあり、毎月のように発行されるこれら雑誌を開けば、虫に魚に植物キノコそのほか、様々な生物の新種がザラザラと載っている。毎月発行する雑誌が作れるほど、日々新種の生物は見つかっているのだ。

ただし、それら新種の大半は取るに足らないゴミみたいなムシだったり小魚だったりプランクトンだったりと、とにかく地味で話題性のないものばかり。また、少なくとも昆虫においては、今まで既に知られている種とは目頭に細い毛が生えているかいないかとか、電子顕微鏡でものすごく拡大した時に体表面に見える毛の形がちょっと幅広いとか狭いとか、あるいは解剖して生殖器を引き出した時に、ものすごく小さな突起が出ているかいないかとか、そういう理不尽に微細で分かりにくい形態の違いを見てやっと区別できるという新種がほぼ全てと言って良いだろう。要するに、一般人にとってはすこぶるつまらなくて、どうでもいいような新種ばかり日常的に見つかっているのである。たまに大型の獣とか鳥とかで、少し変わった新種が発表された時に限り、気の向いたメディアが取り上げるにすぎないのだ。

しかし、一般人にとってはどうでもよくたって、分類学者には己の生活がかかっている。研究者は、日々論文を書いて業績を出すことが仕事なので、論文を出さない研究者には研究費も下りず、どんどん貧しくなるばかり(※)。だから、業績たる論文を書くためには一種でも多く新種を見つけないといけない。昆虫の分類学者の場合、野外から新種の昆虫を集めてこないとならないわけだが、先にも述べたように多くの新種の昆虫は小さくて目立たない。歩きながら先々で1匹1匹そんなものを目視で探すなど、あまりにも現実的ではないため、基本的にトラップ（罠）を使うことになる。夜間、灯りを焚《た》いて虫を集める灯火トラップ、地面に透明なアクリル板を立てて低空を飛ぶ虫を落とす衝突板トラップ、入り口の開いたテントのようなものを設置して飛ぶ虫を中に誘導するマレーズトラップなど……トラップとは少し趣旨が違うが、森林の腐葉土を特製のバッグ内に入れて乾燥させ、腐葉土にいる虫をまとめていぶり出し回収するウインクラー装置というものもある。これらの手段において一貫して見られる特長は、「どんな分類群のものもとりあえずやみくもに集められる」ことである。ハチの専門家も甲虫の専門家もハエの専門家も、誰もが自分の欲する分類群の虫を手堅く集められるのだ。こうした方法により、大小さまざま（といっても、大半はゴミのように小さな種）の虫が、一度に大量に得られるため、通常それをまとめて腐敗防止用の薬液に漬けてビン詰めで持ち帰る。少し僻地《へきち》でトラップを仕掛けたのであれば、どっさりと得られたそれら虫の死骸《しがい》の山の中に、一つ二つは新種と思《おぼ》しき種が混ざっているものである。

ただし、それを見つけ出すのは至難の業だ。新種の虫に、「新種です」などのタグがくくり付けられているわけでもなし。実験室で、佃煮《つくだに》状態の死骸の山を白いトレイの上にぶちまけ、1匹1匹ほぐして種を確認していく作業をせねばならない。しかも、仮に新種が混ざっていたとして、探す側の者にそれを新種と見抜けるだけの知識と経験がなかったら、何の意味もない。せっかくの宝の山も、本当にただの死骸の山でしかなくなってしまう。

この世の生物には那由多《なゆた》の種があるため、一人でそれら全部を分類・研究するなど不可能である。だから、分類学者というのは基本的に自分が専門とする分類群を決めており、その分類群のことに関しては徹底的に知り尽くし、分類体系を把握しようと努力する。今までその分類群の中にどんな種が発見されているのかを知るために、その分類群内でこれまで知られている種の記載論文を全て入手して、読み込む。そうして、この分類群においてはこういう形態的特徴を持った奴《やつ》だけが知られているのだ、ということを頭に入れておけば、もしどこかで明らかに自分の専門とする分類群の種なのに、その特徴に合致しないような種を見つけた時に「これは新種だな？」と察知できるのである。ただし、論文に書いてある内容を読むだけでは、本当にその分類群に含まれる種の特徴を理解したことにはならない。本当に理解するためには「タイプ標本」を実際に見るというプロセスが不可欠である。

これまで地球上に知られているどんな種の生物も、元を辿《たど》れば大昔に誰かが新種として発表したものだ。その際、その大昔の誰かは記載論文とともに、その生物種が実在するという証拠の標本を残している（たまに、当初はあったが後に誰かがうっかり壊したり火事で燃えてなくなったとか、ひどい場合はそもそも残していないというケースもままある）。これをタイプ標本という。1メートルの長さを定めたメートル原器のように「これがライオンという生物だ」、「これが蝶《ちょう》という生物だ」という基準になる。

分類学者たるもの、自分が専門とする分類群に含まれる種のタイプ標本くらいは、一通り自分の目で見て確認しておかねばならない。記載論文中にある「どこどこにこういう形の毛があり、姿かたちは丸っこくて……」という文章を読んで頭に思い浮かべるのと、現物をちゃんと見るのとでは、理解の度合いが全然違う。まさに、百聞は一見にしかず。しかし、このタイプ標本を自分で見に行くという作業は、なかなか一筋縄ではいかない。

少なくとも昆虫の場合、タイプ標本というのはしばしば海外の複数の博物館にバラけて保管されている。だから、種数のごく少ない分類群ならばいいが、種数が多ければ多いほどそれだけの数のタイプ標本を見に何回も外国に行く羽目になる。ものすごく時間と金がかかる仕事である。

もちろん、わざわざ海外まで出向かずとも海外の博物館のキュレーターに連絡をとり、必要な標本を自宅に郵送して貸してもらうという手も可能ではあるが、この手段はあまりあてにならない。何せ、その生物種の基準として未来永劫《えいごう》残さねばならない貴重な標本。キュレーターの中には、不慮の郵便事故で紛失したり破損する恐れのある、郵送という手段を使いたがらない者もいる。国によっては、郵便事情がすこぶる悪い所もいまだに多いため、彼らが郵送を嫌がるのはもっともな話だ。また、こちらがまだ駆け出しで経験の浅い分類学者とみると、貴重なタイプ標本を託すには時期尚早だと判断されて門前払いされる場合もある。できる範囲から少しずつ業績を重ねていって、その分類群に関しては一人前の専門家と世間的に認知されるようになって、初めてタイプ標本を貸してくれたという話は、私の周りでしょっちゅう聞く。

こうした地道で涙ぐましい努力を重ねに重ねた上で、ようやく分類学者は新種を新種であると見抜き、それを記載論文という形で客観的に示して世に発表できるようになるのである。間違っても、「道端を歩いてて変な虫を見つけたから新種」などと言って新種を適当に発表しているわけではないのだ。

また野山に分け入って虫をかき集めるといった作業は、基本的に野外で新種を見つけるための努力の話だが、何も新種を発見する場所は野外だけとは限らない。博物館に収蔵されたAという種の虫の標本100個体を検査している際に、たまたま典型的なAの形態的特徴に合致しない個体が一定数混ざっていることに気づき、それが実はAにきわめて似た別種かつ、これまで知られていなかったBという種だとして新種記載される、などということもしょっちゅうだ。

経緯はどうあれ、新種を見つけて記載するとなれば、当然その新種に名を与えることになる。これが、「学名」(種名)である。学名は、世界共通の生物の呼び名で、ラテン語で付けることが国際的な規則で定められている。例えば、「アリ」と言っても日本語だから日本国内でしか通用しない。「アント」と言っても英語圏でしか通じないし、「モッ(ド)」と言ってもタイでしか通じない。しかし、カンポノートゥス・ヤポニクス(クロオオアリ *Camponotus japonicus* Mayr, 1866)と言えば、少なくともアリ研究者であればどこの国の人相手であっても「ああ、あの黒い虫のことを言ってるのか」と通じるのだ。

学名は「二名法」といい、大雑把な分類のまとまりである属の名(属名)と、その属内に含まれる個々の種の名（種小名）の二つを並べて表記する原則がある。人名に例えれば、属名は苗字《みょうじ》で種小名が下の名前と考えてよいだろう。すなわち、クロオオアリならば *Camponotus* という一家があって、その中に含まれる *japonicus* というメンバーの一人というイメージだ。

学名に関しては、他にもいろいろな規則が山のようにあって、全てが厳密に定められている。よく、新種を見つけたという話になると「自分の名を付けられるのか？」といったことを聞いてくる人々は多い。しかし、原則として「自分が発見した種を自分で新種記載する」場合、学名に自分自身の名前は付けないという慣習になっている。どのみち、学名の末尾は命名者の名と命名した年でしめる決まりがあるので、わざわざ学名の属名や種小名そのものに自分の名を付ける必要はないのだ。クロオオアリの例で言えば、Mayr さんという人が１８６６年に記載したということが分かるわけである。

ただし、自分が見つけた新種を他の専門家に託して、その専門家が新種記載するとなった場合、発見の功績をたたえて発見者の名前を新種の学名に付けてもらえる場合はあり、これを「献名」という。

私の例を挙げると、２００７年にタイへ調査に行った際、とあるシロアリの巣内からハネカクシという共生甲虫の一種を採った。体長わずか1ミリメートルちょっとしかない、恐ろしく小さな虫だが、まるで雨だれを平べったく伸《の》したような珍奇な姿をしたものだった。これを専門家に渡したところ、今までに知られていない種であることが判明したため（口絵）、２０１１年にその専門家が新種として記載した。その際、その新種の甲虫の学名には *Schedolimulus komatsui* Kanao & Maruyama 2011、つまり「コマツイ」と献名してもらったのである。なぜコマツではなくコマツイという変な表記かというと、ラテン語で人名＋ｉ（男性の場合。女性ならａｅ）は「誰々さんの」という意味になるからだ。だが、この場合にしても、先述の通り新種を新種であると認定するには、大変な労力がかかっている。

その結果、しばしば新種を見つけるのにかかった労と、それを新種認定するのにかかった労とを天秤《てんびん》にかける局面に見舞われる。もし後者の労が大きいと判断された場合、献名という形でさえも発見者の名が新種に付かない場合もあるのだ。それは致し方のないことである。だから、仮に新種を見つけて専門家にそれを記載してもらった際、献名してもらえなかったとしても「あのクソ学者、せっかく新種を恵んでやったのに恩知らずめ……」などと思ってはならないのである。

ともあれ、国際的に定められたいろんな規則に従いつつ、分類学者は新種を名付けて発表し続けている。その営みを、私も行うことになるのである。

※もちろん、学者は論文さえ書いていればいいわけではない。その成果やその面白さを、学術に明るくない社会の一般の人々に伝えていく活動もまた、これからの学者にとっては大切なことである。世間様からの理解が、最終的には学術の存在意義への理解、自然科学の地位向上へとつながり、究極的に学者自身の生活を支える糧《かて》となるからだ。私が本来論文を書く時間を割いて本書を書いたのも、そうした理由によるものである。

麗しのアリヅカコオロギ

私も一応は本職たる研究の業がある。今回は、前回の新種云々《うんぬん》の話題にかこつけて、その本職に関する話を少しだけしようと思う。私はアリの巣に居候《いそうろう》する昆虫、アリヅカコオロギというものを研究対象として扱っている。すなわち、これの分類や行動生態などをいろいろ調べているのだ。

アリヅカコオロギ属（直翅目アリヅカコオロギ科）は世界に60種ほどが知られるコオロギの仲間で、日本にはそのうち10種ほどがいるとされている。いずれの種も、基本的に体長わずか3〜4ミリメートルにしかならない。この小さなコオロギは、コオロギのくせに翅《はね》がなく鳴かない。彼らはアリの巣に勝手に入り込み、巣内の餌を盗み食いする居候として生きている。一方的にアリから奪うばかりで、アリに一切の見返り

アマネアリヅカコオロギ myrmophilellus pilipes。体長は3～4mmほど。アリヅカコオロギには、特定の種類のアリと〝親密〟になることで、その種類の巣だけに寄生する「スペシャリスト」（ほかの種類のアリの巣には寄生できない）と、アリと親密になれない代わりに、さまざまな種類のアリの巣に寄生できる「ジェネラリスト」がおり、本種はジェネラリスト。

はない。つまり、アリにとっては百害あって一利のない害虫なのだが、アリはなぜかこの悪どい侵入者を巣外へ叩き出さない（というより叩き出せない）。実は、このコオロギはアリの社会に付け入り溶け込むための秘策を持っているのである。

小さい頃、ビンに土を詰め、外から集めてきたアリをたくさん入れ、巣を作らせた経験のある人は少なくないだろう。今や、書店の子供向けコーナーを覗けば1冊2冊は置いてある「虫の飼い方」の本を見ると、決まってアリの飼い方が載っている。その中に注意点として、「必ず同じ巣から採ったアリだけを入れましょう。違う巣から採ったアリを混ぜてはいけません」と書いてあるのをご存じだろうか。アリは体表面を覆《おお》う匂《にお》い成分を嗅《か》ぎ分けることで、自分の巣の仲間とそうでないものとを厳しく区別している。この匂い成分の「組成」は種特有なもので、アリの種が違えば当然違うのだが、同種であっても違う巣の個体同士では匂い成分の「組成比」が違う。そのため、微妙に体の匂いが違うことになり、互いに敵同士と見なして殺し合いを始めてしまう。何も考えずに外からアリをテキトーにたくさん集めて入れ物の中にぶち込み、しばらく経ってから「そろそろみんなで仲良く巣作り始めたかな？」と覗き込んだら、全員八つ裂き共倒れになっていたなどという惨事になりかねないのだ。人間の感覚だと、同じ種ならば仲良くやりゃいいのにと思うが、彼らにとって同種かつ異なる巣のメンバー達は、同じ餌を奪い合うライバルとなるため、排除対象なのである。

こんな風に、同種間でさえ時に殺し合うほど血の気が多い連中の只中《ただなか》に、アリヅカコオロギなどというアリですらない生物が共存できる理由。それは、化学的にアリのふりをしているからである。

アリヅカコオロギは、まるでゴキブリのようにすばしっこくアリの巣内を駆け回り、その過程で手近なアリの体に一瞬触ってすぐ逃げる行為を繰り返す。これにより、アリが自分の巣仲間を認識するのに使っている体表の匂い成分をはぎ取り、自分の体表に吸着させるのだ。アリとは異なり、アリヅカコオロギの体表には本来自分自身の匂い成分がほとんどないため、匂いだらけのアリの体に触るだけで簡単にアリの匂いが移り、体に染《し》みついてしまうらしい。外見ではなく匂いで仲間を認識するアリは、自分達と同じ匂いを持っているというだけの理由で、自分達とは似ても似つかない外見のコオロギを仲間と勘違いして巣に置いてしまうわけである。まさに、身分証の偽造だ。これをいいことに、アリヅカコオロギはアリの巣内を我が物顔でのし歩き、餌を盗み食いしたりアリの卵を食い荒らすなど悪の限りを尽くす。アリは攻撃的な虫だが、ひとたびその懐《ふところ》に入って取り入ってしまえば、逆にこの上なく使い勝手の良い用心棒と化してしまうのだ。

餌と安全が保証され、年間を通じて温度も一定な地中のアリの巣に住むアリヅカコオロギは、ほぼ一年中活動し、繁殖もしているらしい。イソップ童話の「アリとキリギリス（子供向けに毒を抜かれていないオリジナルに近いもの）」では、夏の間遊びほうけていたキリギリスは冬に飢えて、アリの巣に物乞《ものご》いに行くも冷たく追い出されてしまう。しかし、アリヅカコオロギはアリの巣に強引に押し入った上、冬でもアリの巣内で遊びほうけることができるのだ。

こういう話をすると知らない人は、一体どれだけこのアリヅカコオロギという奴は悪どい手段で楽して暮らしているのか、と憤《いきどお》るかもしれない。しかし、実のところ彼らも彼らなりに苦労して生きている。アリに一度二度触った程度では、アリに仲間と偽れるほどの量の匂い成分は奪い取れず、1週間くらいかけて何十回、何百回もアリに近づいて触る必要があるのだ。まだアリの匂いが薄い状態で不用意に近づくと、アリに不審者と感づかれて捕まる恐れもある。

十分な量の匂い成分を身にまとうことができたあとも、アフターケアが不可欠だ。匂いの「偽造身分証」は、そのまま何もせず放っておくと数日でコオロギの体表からすべて揮発し、文字通り化けの皮が剝がれてしまう。だから、彼らは剝がれいくメッキを塗り重ねるが如く、生きている限り永遠にアリから匂いを奪い取り続けねばならない宿命にあるわけである。

さらに、アリヅカコオロギは一生涯アリの巣から出ないわけではない。繁殖相手を求める際は、主に夜間アリの巣から脱出し、外を出歩かなければならない。そして、近隣の別のアリの巣に寄生し直すのである。前まで住んでいたのとは異なる種のアリの巣、あるいは同種でも別コロニーのアリの巣に入った場合、当然ながら今までの「偽造身分証」は通用せず、アリ共からの激しい攻撃に晒《さら》される。だから、その攻撃を必死でかわしつつ、またそこで一から「偽造身分証」を作り直さねばならないのである。

こうした過程で、うまく順応できずにアリに殺されるものも少なくはないと思う。居候とはいえ、決して楽には生きていない。

ところで、そんなアリヅカコオロギだが、彼らはアフリカ大陸と南米大陸を除く、ほぼ世界中に広域分布している。翅もなくて空を飛べるわけでもないのに、こんな不器用な生き方でよくそこまで世界を征服できたものだと思う。

世界中どこのアリの巣をほじくり返しても見つかるアリヅカコオロギは、それ故《ゆえ》に古くから昆虫学者達（の中でも奇特な人々）の目に留まってきたらしい。これまで、日本を含め各国の様々な学者がこの虫を新種記載しており、最終的に現段階で60種程度にまでなっているわけである。

しかし、このアリヅカコオロギという虫は分類がとても難しい。理由はいくつかある。まず、どの種も外見が似たり寄ったりであること。体が大きくて目立つ模様を持つチョウなどとは勝手が異なり、ぱっと見では区別できない。だから、ぱっと見では分からない体の部位の形態（後脚に生えるトゲの数など）をよく見ることになるのだが、これもまた一筋縄ではいかない。なぜなら、彼らの体の形態的特徴には個体差が見られ、その差というのが同種内に見られるばらつきの範囲内（人間に例えれば、同じ人間でも一人ひとり顔つきが違う、というような程度の違い）なのか、種が異なるゆえの違いなのかを判断しがたいのだ。

例えば、これまでアリヅカコオロギの分類を行う基準として使われてきた後脚のトゲの数だが、実のところこれは明らかに同種と見なせる個体間であっても本数がしばしば違う。ひどいのになると、同じ個体の左右の脚でさえ違ったりする（！）。そのため、近年ではそれ以外のさまざまな特徴を総合的に考慮して分類する方法が提唱されている。そうした新しい基準に則《のっと》り、これまでのアリヅカコオロギの分類体系の見直しを進めていくのが、現在の私の飯のタネなのである。

きちんと分類するためには、これまで新種記載に使われてきた各種アリヅカコオロギ類のタイプ標本を見る必要がある。前話でも書いた内容とかぶるが、こんなたかだか米粒ほどの虫ケラだって、もとを辿れば新種だったわけで、その記載時に作られたタイプ標本がしっかり残されているのだ。ただ例によって、それら標本の大半は海外に散らばっているため、私はこれまでに何度か国内外の博物館を訪れたり、あるいはそのキュレーターに連絡してタイプ標本を送ってもらったり、ということをしてきた。

その中でも特に印象に残ったのは、２０１４年に行ったフランス・パリの自然史博物館である。ここには、これまで新種記載されたアリヅカコオロギのうちかなりの種のタイプ標本が保管されているため、1回行くだけで一気に標本閲覧数を稼げるわけだ。しかし、その道は順風満帆というわけではなかった。何せ、私にとってこの時が人生初のヨーロッパ上陸だったのだ。しかも、さほど語学が堪能《たんのう》でもないのに一人で行かねばならない。前情報として、パリでは近年アフリカからの貧しい移民が多く入ってきている関係で、治安が相当悪化しているという。白昼路上で当たり前にスリや強盗が横行しているらしい。運悪く巻き込まれて流血沙汰《ざた》の悲惨な状況に陥った旅行者のブログその他を見て、行く前から既に陰鬱な気分になってしまった。

それまでさんざん行き倒した、東南アジア各地のジャングルだってそれなりに危険なのだが、それよりもおっかなそうな場所に思えてきた。テレビや本などで「花のパリ」などと言われていたかの地が、今やそこまで危険極まる世紀末犯罪都市に変貌《へんぼう》していたとは。たかだか小虫の干からびた死骸を見に行くために、なぜこんなに命を懸ける必要があるのか、と思わなくもなかったが、そういう研究なので仕方ない。

果たしてフランスに到着した私は、空港から数キロメートル離れた博物館そばにあるホテルに3日ほど泊まり、日中は毎日そこから博物館に行って標本の観察をすることになっていた。とても一人でバスや地下鉄に乗ったり、ましてその辺の流しのタクシーを拾って空港からホテルまで行く気にはなれず、私はあらかじめ雇っていた信頼できる用心棒兼タクシーを呼び、遠方への移動は基本的にこれに頼って行動した。また、日中に限りヘタな場所に近寄らなければ、街中を安全に歩けることも次第に分かってきた。だが、それでも夕方までには博物館での作業を終えると、ダッシュでホテルに逃げ帰った。なぜなら日没後、それまで賑《にぎ》わっていた表の通りから突如として通行人が消えるのである。一人残らずだ。ホテルの部屋のカーテンをうっすら開けて外を覗くと、薄闇《うすやみ》の中、まるでゴーストタウンのような街の景色が広がっていた。この時間に外へ出たら「狩られる」ということを、この街の全員が知っている何よりの証左だ。

夜中は、時折明らかに表の世界の住人ではない雰囲気のゴロツキが数人たむろし、彼らが大声でわめき散らしたり道端のゴミ箱を蹴《け》っ飛ばす様を、部屋の電気を消したうえでカーテンの隙間《すきま》からそっと観察して過ごした。もちろん、夕食は明るいうちにその辺のスーパーで買い込んだ粗末なパンのみ。フランス料理など一口だに味わう機会はなかった。

そして陰鬱な夜が明ければ、私は博物館へとまた向かう。あの、防腐剤の臭気に満ちた部屋の片隅で、コオロギの干物が私を待っているのであった。

私がこのパリの博物館でやっていたことは、アリヅカコオロギのタイプ標本の撮影である。日本から持参したデジカメで、1個体の標本をあらゆる角度から撮影しまくる。後日、分類の論文を出す際に使用するためである。何しろ遠い所から命懸けで来ているので、またこんな所にまで標本を見に来なくても済むように、時間をかけてじっくり撮影する。

こういう小さな虫の標本を撮影するにあたり、私を含め最近の分類学者は「深度合成」という方法を使う。虫は立体的な形をしている上、微小な種に限って体表面が複雑で美しい彫刻や毛で覆われていることもあり、虫の体全体のどこにもピントが合っていて、なおかつ毛の1本まで数えられるほど鮮明な写真をどうしても論文に載せたいのである。しかし一般的にカメラというものは、撮影時に絞りを開放すればするほど、像の細部は鮮明に写る代わりに焦点深度も浅いペラペラな写真が撮れてしまう。逆に絞りを絞るほど、焦点深度は深く奥行きはあるのだが、こんどは不鮮明な写真になってしまう。写真において鮮明さと焦点深度は、「あちら立てればこちら立たず」のトレードオフのため、その宇宙の真理を無理くり捻《ね》じ曲げる卑怯技《ひきょうわざ》が、深度合成なのである。

簡単な原理としては、1匹の虫の標本を様々な高さから、絞りを最開放にしたカメラで何十枚も撮影する。そうして、いろんな部位にピントの合ったそれら「鮮明だがペラペラな写真」をパソコンに取り込み、特殊なソフトを使って1枚に合成してしまう。それにより、体全体どこにもピントの合った、精密な写真が得られるというわけである。アリヅカコオロギくらいのサイズの虫で1回の合成を行うためには、最低でもだいたい30枚くらいは撮影する必要がある。虫の背中側から見たパターン、側面から見たパターン、正面から見たパターン、後脚の側面の様子、後脚の内側の様子……など、いくつものパターンにおいて繰り返し撮影せねばならない。もちろん、一発で撮り終わればよいが、大抵は撮影途中でカメラや標本がずれるなどのアクシデントに見舞われ失敗するので（ずれた写真を合成すると、像がダブって千手《せんじゅ》観音みたいな脚の生えた虫の写真ができあがってしまう）、二度三度と撮影しなおす必要に駆られる。おかげで、たった1個体の標本を撮影し終わるのに最低1時間から1時間半くらいはかかる。そんな標本が20～30個体もあるので、全部撮影するには2、3日はかかってしまうわけだ。

パリの博物館の標本は、収蔵量がとにかく莫大《ばくだい》であるため、個々の標本類の管理は必ずしも細かく行き届いているわけではない。すなわち、表面にホコリを被《かぶ》っていたりして、結構汚い。特にアリヅカコオロギなどという、別段人類の輝かしい未来と住みよい生活の発展に寄与しない可能性の高い、つまりはクソの役にも立たないと思われている虫ケラの場合、過去に研究者もほとんどタイプ標本を触りに来ていないため、100年単位でほったらかされており、なおのこと標本が小汚い。だから、撮影前に柔らかい筆などで表面を軽く撫《な》でて、標本をクリーニングしてから撮影するという、さらに一手間をかけねばならない。当然、そのクリーニングに使うための筆やら薬液やらも、自分で日本から持ってきたものである。

私がこの博物館に行った時に、大層驚いたことが2つある。1つは、前述の通りの標本類の予想を超えた汚らしさである。仮にも分類の基準となる大切なタイプ標本なのだから、いくら何でももう少しきちんと管理されているものだと思っていた。そして、それよりも何よりも驚いたのが、現地の博物館学芸員が「一日中自分の研究をしていた」ことである。

学芸員が自分の研究をするのは当たり前だろう、と普通の人は思うかもしれないが、その認識は少なくとも日本においては正しくない。日本の（特に地方の）博物館の場合、学芸員の人員が恐ろしく少なく、1人とか2人とか、場合によっては1人もいなかったりする。だから、学芸員は博物館を運営していく上で必要なあらゆる雑務を日常的に負わねばならず、自分自身の研究を進める時間がほとんど取れないのである。学芸員は雑務の間に研究をするのが、日本の博物館では常態化しているのだ。しばしばこの状況を揶揄《やゆ》した「雑芸員」という言葉も聞かれるほどである。

ならば学芸員をもっといくらでも増やせばいいじゃないかと言いたくなるのが人情だが、それだけの人数を雇えるだけの金が日本のどこの博物館にもないのだ。私には日本の博物館で学芸員、ないしそれに準ずる役職を担う知り合いが多い。彼らに会うたびにいつも、そうした日本の博物館の置かれている状況の悲惨さを、いやが上にも聞かされ続けてきた。だから、生まれて初めて行った海外の博物館で、学芸員が何の雑務も負わず日がな一日自分のことだけを好きなだけしている姿を見た時には、衝撃と戦慄《せんりつ》を覚えた。同時に、日本の博物館事情の闇を垣間見た気がした。

そんなこんなで、私はかの世紀末犯罪都市から1円もスられることなく、また一度も後頭部をナタでかち割られることもなく生きて帰ることができた。とにかく大事なことは、たかがゴミクズみたいなムシの種を分けるにも世界を股《また》にかけねばならず、それは血と汗と涙なしにはまかり通らない、ということである。

第四章　裏山の隣人たち

カエルの歌を聞け

私は昆虫学者であるが、幼い頃から、昆虫以外の生き物にもひとかたならぬ興味を抱く人間だった。何しろ、裏山にはカエルやカラスなど、さまざまな生き物たちが住んでいるのだから、観察しないなどもったいないにも程がある。本章では、そんな隣人たちの姿を紹介していきたい。

私は基本的に野菜を（特に生で）食べるのが好きではない。今でこそ、健康のことを考えて半ば義務感に苛《さいな》まれつつも食べるようにしている。しかし、幼い頃は絶対に食おうとはしなかった。こんな青臭くて不味《まず》いものを食うくらいなら、いっそ舌を噛《か》んで自害するほうがましだとさえ思っていた。当然ながら、当時の両親はそんな私のワガママを許さず、どうにかしてこのガキに野菜を食わせようと四苦八苦したようである。

まだ幼稚園にも上がらない頃だったろうか。ある日の朝食に、食べたことのないブロッコリーが出た。当然、食わず嫌いの私はこれの摂食を辞退しようとしたが、問答無用で却下された。どうしても食いたくないとぐずる私に、母親の方だったと思うが、「ちゃんと食べたら、外にいるカエルがお祝いしてくれるから」と私を諭した。断り切れず、私は意を決してその緑の禍々《まがまが》しい固形物を口に入れた。長時間、自分の口にそんなものを入れておきたくなかったので、味わいもせず数回甘嚙みしてからひと思いに飲み下してしまった。その瞬間だ。タイミングを見計らうかのように、庭先から高らかに1匹のアマガエルの声がしたのは。雨が降るでもない、晴天の朝だったにもかかわらず。母親は、あくまでも苦肉の策で言っただけだろうし、カエルも気まぐれで鳴いたにすぎない。偶然に偶然が重なっただけなのだが、あれ以来私はカエルが好きになったように思う。

私は昔から、カエルに慣れ親しんで育った。思い返せば、思い出の要所要所に必ずカエルの存在がねじ込まれてきたように思う。幼少期に育った静岡の家のそばに、廃車となった汽車の置いてある公園があった。この園内の芝生を横切る、幅の狭いアスファルト遊歩道には、なぜか等間隔に小穴が空いていた。それを覗《のぞ》き込むと、いつでも必ず何個かの穴にアマガエルが隠れていて、指を突っ込んで追い出して遊んだ。小学生の時、群馬の僻地《へきち》に移り住んだが、ここは周囲が広大な水田地帯だった。畦《あぜ》を歩くと、次々にトノサマガエル（と当時は思っていたが、これは近似種トウキョウダルマガエル。関東地方には基本的に真のトノサマガエルは分布しない）がロケットのように田んぼにダイブし、見ていて爽快《そうかい》だった。そして大学生になり、成人した今でも、私は路《みち》でカエルを見ると何かちょっかいを出したくて身体《からだ》が疼《うず》く。初夏に少し山の方へ行くと、湿った沢の石組みの隙間《すきま》から犬のような声で鳴くタゴガエルの歌が聞こえる。彼らの声質は人のそれに似るため、大抵の人ならば傍で真似《まね》してくぐもった声を喉《のど》から出すと、カエルもそれに反応して答えてくれる。夜の森では楽しい遊び相手だが、知らない人がこの声を聞いたら、大興奮でテレビの心霊特番に投稿してしまうかもしれない。

大学生時代、自身の研究対象であるアリの巣の共生生物を集めるべく、同じ研究室の友人とともに初夏の西日本を縦断したことがあった。ある日の夜、大分の山あいにある寺院に泊めてもらった。そこはすぐそばに水田があり、たくさんのトノサマガエル（これは本物）が鳴いていた。行ってみると、カエル達は多くの個体が水の張られ

トノサマガエル。鳴くたびに細かなさざ波が立つ。

た田んぼの「沖」のほうに陣取っているようで、手の届きそうな岸辺には殆《ほとん》ど見当たらなかった。トノサマガエルのオスは、頰の両側を大きく膨らませて鳴く姿がかわいい。どうにか間近でその顔が見られないかと、岸辺をひたすらウロウロしていたところ、ただ1匹だけ比較的近い所にいるオスを見つけた。ただ、それでも岸から2メートルくらいは離れた所にいたため、間近でじっくり見るのは至難の状況だった。こいつを、自発的にもっと手近に寄せてやろう。私は悪巧みを思いついた。

繁殖期のトノサマガエルのオス達は、それぞれが田んぼの一定範囲内（だいたい半径1メートルくらいだろうか）に縄張りを構え、そこを死守する。他の個体がそれを侵すと、オスはそれが何者かを確かめるべく接近する。侵入者がメスであれば、オスはそのままその背中に取り付いてめでたくカップル成立となり、他の個体に干渉されない産卵場所へ移動する運びとなる。しかし、ライバルのオスが侵入者だった場合、その場でオス同士の激しい戦いが始まる。トノサマガエルの戦いは、取っ組み合いの相撲だ。相手の正面から飛びかかり、上から押さえつけて相手の顔を水中に沈めたほうが勝ち。エラで呼吸するオタマジャクシの時と違い、カエルの大多数種は肺（そして皮膚）で空気中の酸素を使って呼吸する。顔面を長時間水中に突っ込まれると、カエルでも溺《おぼ》れてしまうのだ。負けた方は慌《あわ》てて逃げ出し、勝った方はその場で勝ち鬨《どき》を上げるが如《ごと》く、「クルルックルルッ」と高らかに鳴く。

2匹のオスが対峙《たいじ》した時、あからさまに両者の体格に差がある場合は、戦うまでもなく小柄な方がそそくさと逃げ出す。体格が互角であれば、実力行使で優劣を決する。ただ、同じサイズの2匹のカエルを野外で端から見て、どちらが侵入者であるか否《いな》かを識別するのは至難だ。だから、組み付き合ったあと逃げ出す方が常に侵入者であるか否かは、よく分からない。いずれにしてもはっきり言えるのは、縄張りを構えたオスにとって、侵入者の挙動に対して警戒を怠らないことは非常に大事ということだ。

カエルの目は、物体の動きには敏感だが、物体の形状を識別する能力は低い。オスのカエルは、縄張りの範囲内で自分と同じくらいのものが動く様を見れば、正体を確かめずにはおれず寄ってくるわけだ。私は、長い木の枝をその辺から持ってきて、先端に落ち葉を10センチメートルほどの塊にして引っ掛けた。この枝の先端で、カエルから1メートルほど岸辺寄りの水面をパシャッと数回叩《たた》いた。すると、カエルがそちらに向き直った。

しめた、このまま寄ってくるかと思ったが、意外にもカエルはただ向き直っただけで、次のアクションがない。色々試したところ、どうやら水面を叩く際、その枝の先端を懐中電灯で照らしていたのが良くなかったらしい。暗いから懐中電灯を点《つ》けていたのだが、まともに灯りで枝を照らしてしまうと、さすがのカエルも単に枝が上下しているだけだと分かってしまうらしい。カエルもそんなに馬鹿《ばか》ではない。そこで、直《じか》に灯りを当てず、懐中電灯の端っこの薄暗いところで照らしつつ水面を叩いてみた。そうしたら、カエルは暗い中で何かよからぬものが蠢《うごめ》き、縄張りを侵犯していると思い込んだらしい。まんまと騙《だま》されて寄ってきた。そのまま水面を叩きながらどんどん岸辺に誘導し、私は目の前でトノサマガエルの鳴く様を堪能《たんのう》できたのだった。

フィールドにおいてカエルは、虫と違って知的な駆け引きができる格好の遊び相手となる（虫も虫で面白い観察対象だが）。虫に比べて外見が人に似ていて親しみを持ちやすい、というのもあるかもしれない。あらゆる脊椎《せきつい》動物を骨格標本にした時、骨の通った尾がないのは人を含む高等なサル、鳥類、そしてカエルだけなのだ。そして、カエルは虫よりもはるかに賢く、それなりに考えて接しないとしばしば観察の難しいケースがある。早春、長野の郊外にある水を引き入れる直前の水田に行くと、地中からクリリリックリリリッと、カスタネットとも木琴ともつかぬ綺麗《きれい》な声が聞こえる。シュレーゲルアオガエルだ。彼らは本来水田近くの森に住むが、冬眠明けのこの時期に繁殖のため水田へとやってくる。最初に来るのはオスで、湿った畦の土に潜って部屋を作り、そこで鳴く。水が引き入れられる頃の雨の晩、一回り大きな体格のメスがやってくる。運よくペアになると、彼らは地中にメレンゲ状の泡を作ってその中に産卵する。卵が孵《かえ》る頃に泡が溶け、オタマジャクシは泡とともに目前の水田へ流れ込むという寸法だ。

生息地での個体数は決して少なくないシュレーゲルだが、フィールドで高らかに歌うオスの姿を見るのはかなり難しい。地中に隠れて直に姿を見せない個体が多いのはもとより、きわめて警戒心が強く、人が近寄るとすぐ鳴き止《や》んでしまうためである。

面白いもので、一度鳴き止むといくらその場で息を殺して待っていても一向に鳴き出さない。こちらがあきらめてそこから数メートル離れると、途端に鳴き始める。敵がすぐそばで待ち伏せているということを、何らかの方法で察知できているらしいのだ。そのため、このカエルの所在を特定するには、少々頭を使う必要がある。まず、鳴き声の方向に近づいてカエルが鳴き止んだら、その場で足踏みしてだんだんその足踏みを小さくし、止める。こうして、人がそこから立ち去ったように、カエルに見せかけるのだ。これをひたすら繰り返しつつだんだん声の出所に近づき、ここだと思った場所に指を突っ込むと捕まえられる。ただし繁殖期になると警戒心も薄くなるため、こんな面倒なことをせずとも地中から上半身を乗り出して鳴く姿を見られるだろう。

シュレーゲルの声に勢いがなくなり始める初夏、今度はそれにとって代わるようにすさまじい数のアマガエルの合唱が始まる。アマガエルも、オスはトノサマガエルほどではないにせよ狭い縄張り（半径10センチメートル内外だろうか）を持って、そこでひたすら喉の下を風船のように膨らませて「グワッグワッ」と鳴き続ける。1匹1匹の声はグワッグワッだが、それが集団で鳴くとゲコゲコゲコ……という大きな波となり、聞く者の鼓膜を弥《いや》が上にも揺さぶる。しかし、水田の畦に座ってその合唱に耳を澄ませていると、理由は分からないがある時突然一斉に鳴き止む。何か大きな

アマガエル。生息地の都市化が進んでも最後まで生き残るという。

物音がしたとか、大きな動物が近寄ってきたとか、そういう要因がなくても、それまで盛んに鳴いていたカエル達が1匹また1匹と黙り、ついには水田に完全な沈黙が訪れる。この沈黙は、だいたい4〜5分ほどで打ち破られる。ある瞬間、1匹が様子をうかがうように「グワッグワッ……」と鳴くと、途端に周囲の個体が1匹また1匹とつられて鳴き始め、再び大合唱の波となるのだ。

実は、私はアマガエルの声を精巧に真似でき、これにより黙っているアマガエルに誘いかけて鳴かせられるという、就職その他には一切役に立たない特技を持っている。コツは、口を「エ」の発音時の形にして、なおかつ喉を引き締めた状態で「アッアッアッ……」とえずくように発音すること。アはチンピラが「ぁあ？」と因縁をつける時のように、やや尻上《しり》がりに言う。これを、息が続かなくなるまで大声で言い続ける。

突如静寂が訪れた夜の水田で、一人高らかに「アッアッアッ……」とやり、それにつられて周囲のカエル達がぽつぽつ鳴き始め、これが次第にビッグウェーブとなっていく様を聞く。さも自分がカエル界の「福山雅治《まさはる》」となったかのような気分に酔いしれる。

健全なる独身青年の幸せなひととき。

となりのカラス

実際にはそんなではないことを支持する研究結果は、世の中に数多く報告されている。しかしながら、私は幼い頃から、有名な俗説「鶏は三歩歩くと忘れる」の呪縛《じゅばく》により、鳥という生き物がとても知能の低いバカな生物であるというイメージを持っていて、それを今に至るまで引きずり続けている。公園で観光客がばらまくパンくずやら菓子やらに群がり、ひたすら機械のようにそれをついばみ続けるハトやスズメの群れを見て、彼らに知性の片鱗《へんりん》を僅《わず》かでも見出《みいだ》すことのできる御仁がいたならば、ぜひ顔を拝んでみたいと思っている。

まあ、このような、人の作った環境下で自然本来の振る舞いを歪《ゆが》められている例は極端かもしれないが、野鳥は全般的に型にはまった動きしかしていないものが多いような気がしている。そして、見かけるのはいつも死に物狂いで餌《えさ》を探してついばんでいる姿である。小型種であればあるほど、その印象が強い。見ていて、何だか生きるのに必死すぎて、余裕がないように見えるのだ。そんな中、唯一《ゆいいつ》私にとって別格の鳥がカラスである。

カラスはとても賢く、その時の状況によって柔軟に行動を変えることができる。目的を果たすための選択肢をいくつも持っているから、他の鳥に比べて、生きるためとか自分の子孫を残すためとか、生物として最低限やり遂げなければいけないこと以外のことをする余裕がある。無駄なことをできるようになったわけである。時々、テレビのワイドショーなどの「おもしろ動物映像」みたいなコーナーで、カラスが公園の滑り台に登って滑る映像が流れることがある。餌を探すわけでもなしに、木の枝にさかさまにぶら下がったり、強風の吹き荒れる危険な天候の日に、ビルの屋上など高いところから舞い上がり、数秒間風に逆らいつつ浮遊する様を見ることもある。カラスが自分の遺伝子を後代に伝え残す上で、滑り台から滑り降りたり、荒天のなか、宙に浮かばねばならぬ必然性など、本来ならまったくないはずである。要は、ただ楽しいからやっているだけの無意味な行為で、人間の世界でいう「遊び」である。遊んで暮らせるほどの余裕が、カラスにはあるのだ。こういう人間くさい振る舞いを恥じらいもせず見せつけるカラスは、幼少期の私にとって格好の観察対象だった。身近に見られる鳥の中では破格に大きく立派な姿をしていることも、好印象の一つだ。現代の都市に生きる、二足歩行恐竜そのものと言ってもいい。

小学生の頃住んでいた、埼玉の団地そばの緑地公園には、多くのハシブトガラスが生息していた。その中でなぜか一羽だけ、妙に人を恐れない個体がいたのである。私がその個体の存在に気づいたのは、ある年の夏だった。弱っているわけではないのだが、いつも地面や木の枝の低いところに止まっており、あまり活発に動き回らなかった。

公園内にいる他のカラス達は、だいたい半径10メートル圏内に人が近づくと飛び立って逃げてしまう。しかし、件《くだん》の個体は半径2メートルくらいまでなら近づくことを許容してくれた。しばらく観察していると、奴《やつ》は地面に落ちたセミの死骸《しがい》を拾って食べているようだった。セミが好物なのだろうか。そこで、私は周囲の林から新鮮なアブラゼミの死骸をいくつか拾ってきて、カラスの前に持っていって見せてやった。すると、カラスは物欲しそうにこちらの手中のセミを見つつ、近くまで寄ってきた。しかし、さすがに初対面の人間に手前まで寄るのは怖いらしく、1メートルくらいまで近づいてきたあとは立ち止まってしまった。そこで、セミをカラスの足元へ投げてやると、カラスは速やかにそれを拾い上げ、食べてしまった。私はこの時、カラスが餌を食べる様を生まれて初めて至近で観察した。手が使えないカラスは、その代わりに巧みに足の指でセミを押さえつけて固定し、裁ちばさみのような強靭《きょうじん》な嘴《くちばし》でセミの外骨格を粉砕しては飲み込んでいった。

カラスは大きな鳥なので、セミ程度のものなら一思いに丸呑《まるの》みするかと思ったが、律儀《りちぎ》にもちびちび細かくしないと食べられないらしい。その一連のシステマティックな動きが面白くて、私は持っていたセミを全部カラスにやってしまった。すると、カラスは妙な振る舞いを見せた。与えたセミを、今度は次々に丸呑みにしていくのだ。しかし、よく見ると本当に丸呑みにしていたわけではなかった。喉の下を見ると、大きく膨らんでいる。カラスは一度に食いきれない量の餌を見つけた場合、しかし見捨てるのはもったいないので、とりあえず口の中に放り込めるだけ放り込んで溜《た》め込むのだ。

シマリスやハムスターにヒマワリのタネをしこたまくれてやると、頰の袋にパンパンに溜め込むが、同じことをカラスもやるとは知らなかった。その直後、カラスは踵《きびす》を返して突然飛び立った。低空を飛んでいくそいつをあとから追いかけると、50メートルくらい離れた林の地面に降り立った。そして、至近の大木の根の隙間に嘴を突っ込み、さっき丸呑みにしたセミをごろごろ吐き出すではないか。その上から、周囲の落ち葉や枯れ枝などを嘴でつまんでは被《かぶ》せて隠し、カモフラージュしていた。完全に隠すと、奴は何食わぬ顔で首をかしげ、こっちを振り返って見つめるばかりだった。カモフラージュは巧みで、その現場を見ていなければ、まずどこに隠したのか見抜けない。でも、隠した本人はちゃんとそこを記憶しており、後日小腹が空《す》いた時にでも掘り返して食うのだろう。カラスは、おそらく同時に複数箇所の餌の隠し場所を持っていて、それらをきちんと覚えているのだ（いくつかは忘れるだろうけど）。見習いたいほどの記憶力の良さ。

翌日以降も、私はそのカラスに会いに公園へと足を運んだ。奴は毎日公園内のどこかにはいるようなのだが、日によって出没場所がかなり変化するため、探し出すのは容易ではなかった。加えて、カラスはこの園内にたくさん生息している上、どの個体も同じような背格好だ。しかしそれでも、あの独特のぼさっとした雰囲気、近寄っても逃げないあの佇《たたず》まいにより、ひとたび見つけさえすれば私はそれが間違いなくあの個体であることを見抜けたのだった。

私は奴と邂逅《かいこう》を遂げるたび、友好の証《あかし》にセミを持ってきて与えた（本当は、野生生物に人が餌を与える行為は褒められたことではない）。そのやり取りを繰り返すうち、向こうもこちらに対してある程度信用が芽生えてきたらしく、こちらの手から直接セミを受け取るようになった。さらに、逢引《あいびき》が始まって3週目くらいになると、奴はこちらの顔を完全に覚えたらしい。私が園内へ行くと、こちらが探すまでもなくむこうからこちらを探して飛んでくるようにまでなった。ある時など、ひとり園内の雑木林でアリの巣を掘っていて、何の気なしにふと後ろを振り返ったら突然背中のすぐ近くに奴がいたので、大層腰を抜かしたものだった。

　このカラスは、私が近くにいる間はよく歌を歌って聞かせてくれた。すなわち、左右に体を揺らしつつお辞儀をするように頭を下げ、「ヲン、カラララ……」というしわがれ声を繰り返し発してみせた。園内にいる他のどんなカラスの中にも、こんな動きをしつつこんな声を出すものはおらず、あの個体のあの行動にいったいどんな意味が込められていたのかは分からない。しかし、とにかく奴はその歌を私に歌ったのだ。私も負けじと奴の真似をして、お辞儀しつつ「ヲン、カラララララ……」とやってみせると、奴は喜んでそれに返すようにこの行為を繰り返した。

　こんなに仲良しになったカラスだが、その年の秋の終わりを最後に突然姿を消し、二度と私の目の前に姿を現すことはなかった。もしかしたら、あのカラスはかなりの高齢で、もともと長くなかったのかもしれない。長い「鳥生」の最後に、思い出作りの「遊び」として、人間のガキと遊んでくれたのだろうか。このように、あの公園にはとてもいい関係を築けたカラスもいたが、一方でとても険悪な仲となってしまったカラスもいた。それも修復不可能なレベルで。

振り返れば奴がいた

ある日、いつもの公園内を自転車で流していた時だった。遊歩道脇《わき》の鬱蒼《うっそう》としたツツジの植え込みの奥から、何やらガサガサッと物騒な物音が聞こえた。何事かと思って自転車を止め、植え込みをかき分けて茂みを覗き込んだ私の目に飛び込んできた光景。それは、まさにカラスがハトの胸ぐらを足でつかんで押さえつけ、その強靭な嘴をハトの胸に突き立てようとしていた瞬間だったのだ。

ドバトの多い都市部とその近郊では、ハシブトガラスがしばしば猛禽《もうきん》のように生きたハトを捕り押さえ、殺して食う例が観察される。実際、この園内では野良猫《のらねこ》がほとんどいないにもかかわらず、年に数回は上半身がごっそり齧《かじ》り取られたハトの死骸を道端で見かける。ちょうど、そんな風にハトを捌《さば》こうとする瞬間に、至近で立ち会ってしまったのだ。

カラスは、脇から突然闖入《ちんにゅう》してきた人間に心底たまげたらしく、慌てふためいて逃げ去ってしまった。あとには、腰を抜かして動けないハトが残された。致命傷はまだ負っていなかったようで、しばらく指でつついたりして見守っていたら、ハトは正気に返ってどこかへ飛んでいった。私はその当座、可哀想《かわいそう》なハトの命を助けてやった英雄の気分でご満悦だったのだが、しかしそれは大いに軽率な考えだった。あくまでもたまたま結果としてそうなってしまっただけなのだが、これは裏を返せばカラスから餌を横取りしたことに他ならないからだ。あのカラスにしてみれば、もしかしたら何日かぶりにやっと手に入れた貴重な肉だったかもしれないのに。その日以後、私はあのカラスの恨みを買うこととなった。

翌日、私はいつものように園内を自転車で流していた。そしてそのまま園内から出て、公園のすぐ脇に通る道路にそって自転車を走らせた。天気がよく、心地よい陽だまりの中をゆっくりと走っていた私は、ある時何か言い知れぬ違和感を覚えた。晴れているはずなのに、なぜか私の頭上のみ曇ったのだ。次の瞬間、頭の上から何か大きなものがバサバサァッと降ってきた。何が起きたのか理解できず、立ち止まってあたりを見回した。すると、目の前の桜の木の太枝に、やたら興奮した1羽のカラスが止まっていて、こちらに向かってけたたましく鳴きわめいているではないか。どこかの木の上で待ち伏せしていたカラスに、真後ろから奇襲されたのだ。

この道路は、これまで毎日のように通っていた場所である。そして、ここを自転車で通過する最中にカラスに襲われたことなど、ただの一度もなかった。そう、昨日までは。私はその時になって、ようやく状況を理解した。あのカラスは、昨日私にハトを横取りされたあいつだ。しかも、多分あいつは私のことをかねてからよく知っている。毎日同じような時間帯に通っている道ゆえ、おそらくこの界隈《かいわい》のカラス達は私の顔を日頃よく観察していて、この時間帯ここによく出現する人間だと分かっている。その上で、昨日の一件によりあの個体からは「よく出現する上に、獲物を奪った危険人物」として完全に記憶されてしまったのだ。

いま目の前の木にいるそいつは、激しく敵意を持ったカラス特有の震えるしわがれ声を上げつつ、手近にある枝葉をブチブチ食いちぎっては下に落としていた。そして、自分の止まっている枝に嘴をこすり付け、研ぐような仕草をしてみせた。こちらにとって、非常に危険な兆候だ。私は慌てて自転車に飛び乗り、猛烈な勢いでペダルをこいで逃げた。すると、カラスは枝からバッと飛び立ち、こちら目がけて一直線に突撃してきた。猛スピードで自転車を走らせる最中、ちらっと後ろを振り向いた時に見たカラスの正面顔。その、左右の翼を水平に広げて滑空しながらみるみる大きく迫ってくる顔を、私は昨日のことのように思い出せる。

ふだん我々はカラスの身体能力を多分に過小評価しているきらいがある。遠くの夕暮れ空を飛んでいくカラスの動きはゆったりしているので、私はカラスに対してトロいイメージを持っていた。とんでもない。あれは本気で飛べば、競輪選手ではない一般人が自転車で出せる最高速度よりもずっと速いスピードを出す。ホーミングミサイルのように追撃してきた巨大な黒い弾丸を、私はすんでのところで姿勢を低くしてかわし、命からがら逃げ延びた。頭上をかすめた瞬間、カラスの恐ろしげな唸《うな》りを耳元で聞いた。そして、いつもハネている私の後頭部の頭髪の先端が、カラスの腹に擦る感触を覚えた。満身創痍《まんしんそうい》の気分で、ある一定の区画内から出ると、カラスは追撃をやめて引き返していったのだった。

普通こんな目に遭わされたら、誰だって二度とそんな場所に寄りつこうという気など起こさないだろう。何せ、行けばまた襲われることがもう分かっているのだから。しかし当時の私は、動物だって正面から向き合えばこちらの気持ちを分かってくれる、友達になれるなどという「脳内お花畑」の残念な思考の持ち主だった。

襲撃の1週間後、私はカラスとの仲直りを試みるべく、よせばいいのに再び襲われた現場までのこのこ出向いてしまったのである。先日の襲撃現場まで来た私は、あたりを見回した。この時、どこにもカラスは見当たらなかった。私は、持参したマーブルチョコ数粒をカラスに与えて機嫌をとるつもりでいたのだが（繰り返しとなるが、野生生物に餌を与える行為は褒められたことではないが、昔の子供の所業ゆえ目くじらを立てないでいただきたい）、渡す相手がいないのでは仕方ない。植え込みの陰にマーブルチョコを置き、そこを離れることにした。

自転車にまたがり、5メートルほど進んだ時だっただろうか。私の視界の片隅に、あろうことかこのタイミングで戻ってきたカラスの姿が映った。100メートルほど離れた、高さ20メートルほどの大木のてっぺんに止まったそれは、私の姿を認めるや、とたんに悪鬼のごとく雄たけびをあげて真《ま》っ直《す》ぐ急降下してきた。マーブルチョコになど目もくれず、矢のように一直線にこっちに向かってくる。この場にとどまっていたら確実に殺される。そう思い、慌てて逃げたが時すでに遅かった。カラスは私の後頭部の皮膚を後ろから抉《えぐ》り取るかのように、猛スピードでギリギリかすめたあと、正面の木の枝に止まった。行く手に回り込まれたのだ。

先日の時に比べて、明らかに怒りの程度が激しい。奴にしたら、先日あれほどコテンパンにとっちめて追い出したあの野郎が、どの面《つら》下げてまた来やがったのか、ということに違いない。これは話せば通じる相手ではない。気が動転した私は、逆方向へ逃げた。すると、カラスも後ろから猛スピードで追っかけてきた。頭上をかすめそうになった時、手で払うような仕草をすると、奴は一瞬ひるんでこちらをかわす。しかし、何回か繰り返すと、向こうも慣れてきたのかあまりひるまなくなり、ダイレクトアタックに近い状態になってきた。いっそ、その辺に落ちている棒切れを振り回して反撃しようかとも思った。奴がこちらの頭上をかすめる瞬間、棒で殴りつけて叩き落とすくらいはできるのではないか。おそらく、私の身体能力をもってすれば可能な行為ではあったのだが、それはやめた。私を攻撃するカラスを見守るように、遠く離れた電柱の上からずっとつかず離れず追ってきている別のカラスの存在に気づいたからだ。

おそらく、今襲ってきている個体のつがいの片割れであろう。もし私が、今襲ってきている個体と本気で戦って、その結果こいつを傷つけたり殺してしまったりした場合、今度はあいつが何を仕掛けてくるか分からない。もしかしたら、周囲の仲間でも呼び集めて、徒党を組んで総攻撃してくるのではないか。それこそ、ヒッチコックの映画「鳥」のワンシーンのように。そうなったら、とてもじゃないが私は五体満足で生きて帰れないだろう。よしんば生きて帰れたところで、私はこの周囲一帯のカラス全員に顔を覚えられてしまい、ついにはまともに外も歩けない日々が始まるのではないか。そう考えたら、とても戦う度胸などなく、ひたすら攻撃を甘んじて受け流しつつ逃げるほかなかった。

しかし、逃げても逃げても、このカラスは一向に追撃をやめない。また進行方向に回り込まれて退路を断たれ、私とカラスは互いに睨《にら》み合いの膠着《こうちゃく》状態となった。と、その時通りすがりの老人が、偶然私とカラスとの間に割って入るような位置に踏み込んできた。すると、それまであれほど猛々《たけだけ》しかったカラスは怯《おび》えた雰囲気で飛びのき、少し離れた木の枝に移った。その様子を見た私は、老人がいなくなるのを見計らい、隙をついて再び走り出した。カラスはそれを許さず、すぐ追ってきて私の頭上をかすめ、また進行方向先の木の枝に陣取った。ところが、再び別の通行人が歩いてきて、カラスの止まっている枝のそばを通りすがる時、カラスはやはり恐れをなして飛び去った。このことから、このカラスは人間ならば誰でも攻撃しようとするのではなく、基本的に人間を恐れていることが分かった。ただ、ピンポイントで私という人間ただ一人を標的に定め、私だけを攻撃しているのだ。よほどこいつに恨まれているのだと、この時自覚した。

長きにわたる追撃から逃げ回り続け、疲れ果て、心が折れかけたその時。私の前に、最大のピンチが訪れた。横断歩道という名の障壁が立ちはだかったのだ。タイミング悪く、信号は赤。しかも、この日に限って車の量が多く、信号無視できそうにない。早く信号が変わることを必死に祈りつつ、横断歩道で立ち往生していると、背後の枝先で怒り狂うカラスが予想外の行動に出た。何と、突然地面に降りた。そして、ゆっくりこちらにじり、じり、と近寄ってくるのである。いつまでもそこにつっ立ったまま立ち去ろうとしない敵に業《ごう》を煮やして、直接殴りにきたのだ。こっちだって早く立ち去りたいのだが、カラスは交通規則など知らない。互いの距離が4メートル、3メートルと縮まっていく。ライオンに崖《がけ》の先端まで追い詰められた冒険者の心境になりかけたその刹那《せつな》、信号がようやく青になった。そのまま半泣きで何も考えず、自転車をこぎまくり一直線に街道を逃げ続けた。10分くらい全力で逃げたら、いつしか背後にカラスの姿は消えていた。さすがに私も懲《こ》りて、埼玉在住中は以後一度もあの道を通らなかった。

それから10年以上経《た》ったある時、たまたま所用でその公園の近くを通る機会があった。恐る恐るあの道を通ってみたが、もうカラスは来なかった。あの時の個体はすでに死んだのか。それとも、私が許されたのか。

ヘビの福音

世間ではどれだけ一般論として言われているのか知らないが、私の家系で昔から言われている言い伝えの中に「自分と同じ干支《えと》の動物とは、相性がすこぶる悪い」というのがある。何を隠そう私は戌年《いぬどし》なのだが、私にとってこの世で一番嫌いな動物は、イヌである。なぜ世間で、こうもイヌが可愛《かわい》いなどと持て囃《はや》されているのか、冗談抜きにして本当に理解できないのだ。

まだ年端《としは》もいかない頃、自分がイヌに追い回されたり、あるいは肉親が目前でイヌに襲われる様を見た経験があって、そのトラウマが今も深層心理の根底に横たわっている。海外では今なお凄《すさ》まじい数の野犬が、市街地僻地を問わず生息しており、昆虫の調査研究で東南アジアなどに行けば頻繁に襲われたりもするため、あの猛悪な野獣に対して私は憎しみ以外の感情を持たない。知らない人間の飼っているイヌは当然のこと、親戚《しんせき》の家のマルチーズすら、今まで一度たりとも頭を撫《な》でてやったことはない。政治家の甘言と、イヌを飼っている奴の言う「ウチの子は大人しくて絶対咬《か》まないから」は、この世で唯二《ただ》つ、決して信用してはならない言葉なのだ。

また、今の世の中、動物に関するテレビ番組を見ると、本当にイヌとネコ（場合によりサル）ばかりしか出てこないのに辟易《へきえき》する。とりあえずイヌさえ出せば視聴率が取れると思っている制作側、それに安易に飛びつく視聴者。坊主《ぼうず》憎けりゃ……ではないが、イヌを含めイヌに踊らされている存在全《すべ》てが嫌いなのだ。

一番腹立たしいのは、戌年の正月前後になると、必ずといっていいほど「戌年！　世界の可愛いワンちゃん特集」みたいな番組を何処《どこ》かしらのテレビ局が組むのに、なぜか巳年《みどし》の正月前後には「巳年！　世界の不思議なヘビちゃん特集」は決して放送されないことである。私はヘビがとても好きなので、ヘビが出てくるテレビ番組はいつもチェックしているのだが、少なくとも私が生まれて以後3回経験した巳年の正月あたりで、その手の番組が放送された覚えがない（唯一、2番目の巳年たる2001年当時放送されていた某動物番組の1コーナーとして、アナコンダの生態を10分弱流してはいたが、果たして巳年をフィーチャーしての計らいだったかは謎《なぞ》）。ともあれ、なぜ私が話の初《しょ》っ端《ぱな》から我が家系の言い伝えだの、イヌが大嫌いだのの話をしたかといえば、とにかく私がヘビ好きであるという話に無理くり繋《つな》げたかったからに他ならない。なお、私の母親は巳年だがヘビが大嫌いで、イヌは大好きである。別に巳年とか関係なく、普通は誰でもこうなのかもしれないが……。

ヘビは、分類学上は限りなくトカゲに近い爬虫類《はちゅうるい》で、言ってみるならばトカゲという大きなまとまりの中の一構成要員である。化石などの情報から推測すると、元々は地中性のオオトカゲの一種だったらしい。長い進化の歴史の中で、獲物を求めて狭い隙間を出入りするうちに、邪魔な手足を捨てたのだ。

ヘビの進化の歴史を見て面白いのは、せっかく手足を捨ててまで地中生活に適応したにもかかわらず、また地表に出てきてしまったことである。一度地下生活に適応してしまったせいか、ヘビは視力が弱い。動くもの以外がよく見えなくなってしまった（一部、樹上性種で優れた視力を持つ種がいる）。しかし、それを補うように、彼らは獲物の放つ僅かな匂《にお》いの粒子を鋭敏に嗅《か》ぎつける舌、さらに種によっては、獲物や敵の体温まで感じ取るという、トカゲにはない特殊な器官を発達させた。きわめつきが、一見ハンディキャップとしか思えない、あの手足のない身体だ。強靭な筋肉からなるあの身体を駆使して、走るのも木に登るのも、泳ぐのさえ巧みにこなせるようになった。無駄を極限まで削り、必要なものだけを残した脊椎動物の姿の極致こそがヘビである。

昔から、身近に見られる野生動物の中で、ヘビは一番体長の長い生物だった。それ故《ゆえ》、私にとってヘビは否応《いやおう》なく関心を引く存在だったわけだが、とはいえ直に触れ合うことは長らく叶《かな》わなかった。ヘビを嫌がる母親が、断固として私をヘビに近づけさせなかったからだ。確か小学生の時だったか、私が学校の帰り道でたかだか30センチメートル程のヒバカリを捕まえて持ち帰ったら、母親が「毒蛇だったらどうすんだ！」と烈火の如く激怒し、泣く泣くその辺に投げ捨ててこざるを得なかった。私の身を案じての、向こうなりの愛情だったのかもしれないが、当時爬虫類図鑑がバイブルだった私は、ヒバカリが無毒であることを知っていたし、ヒバカリと他種のヘビとの区別くらいはついた。しかもたかだか30センチメートルの小ヘビ如きで、あそこまでギャンギャン言わずともいいのに、と内心とても腹が立ったし、今思い返しても納得いかない。大人の理不尽さと意味不明さを学んだ出来事だった。

この文章を書いている最中に思い出したが、そういえば幼稚園児の頃に生まれて初めてニホントカゲ（採集地域を考えると、現在オカダトカゲとされる個体群）を手づかみで捕った。大きく立派なオスで、繁殖期だったためか喉元が鮮やかな赤（婚姻色

アオダイショウ。冬眠から覚めて、外へ這い出してきた個体。

と呼ばれる、繁殖期のみ現れる色彩）に染まっていたのだが、その様を見た父親が「毒で喉が赤いじゃないか！　咬まれたら死ぬぞ！　さっさと捨てろ！」と怒鳴り散らし、私はヘビのみならず、人生初のトカゲまで捨てさせられた。もちろん、トカゲで毒牙《どくが》を持つものなど日本にはいないし、世界的に見たって稀《まれ》なことなど、当時の私だって知っていた。

私は幼い頃から図鑑ばかり読んで、下手に生き物に関する知識をつけ過ぎたばかりに、こうした無知な人間達から生き物にまつわる誤解に起因した不愉快な思いをさせられることが非常に多かった。子供に図鑑類を買い与える親は多いが、そういう人らには「子供はあんた方が想定しているよりも遥《はる》かに図鑑から得た情報を記憶しているし、活用している」ことを申し添えておく。親のせいで私みたいに惨《みじ》めな思いをさせられて、性根のねじれ腐った子供がこれ以上世の中に量産されたらたまったもんじゃない。

そうした陰鬱な幼少期の反動で、私は今では当たり前のように野山でヘビを手づかみにし、また家に連れ帰って飼育するようになった。水田脇でシマヘビやアオダイショウを見つけたなら、有無を言わさず飛びかかる。そして、胴体の真ん中あたりを引《ひ》っ摑《つか》むのだ。

ヘビを捕まえる際、しばしば首根っこを押さえつけて捕まえると咬まれなくてよいなどと宣《のたま》う者がいる。しかし、そうせねばこちらの安全が担保されない大蛇毒蛇相手ならともかくも、そんな捕まえ方をするのは、ヘビを殴ったり蹴《け》ったりしているのと変わらない。首はヘビにとって一番の急所であり、ここを取られるともはや為《な》す術《すべ》がないため、こういう摑み方をされるのを格別に嫌がる。胴体を摑み、その後胴体の上半分と下半分の2カ所を支えるように持つ方が、遥かにヘビに与えるストレスは少ない。また、この方法は摑まれたヘビがこちらへ反撃可能な持ち方である。それ故向こうにとっては反撃できる余地がある分、首を取られるよりはまだ安心感があるようで、実際に咬んでくることはそんなに多くはない。すなわち、多少は咬まれる可能性があるわけだが、正直咬まれるリスクも負わずにヘビを捕まえようなどという考え自体が甘いと思う（※）。

大型の捕食動物たるヘビは、生態系ピラミッドの中でもかなりてっぺんに近いあたりに位置する、強い動物である。しかしそれ故、彼らは世界中どこに行っても個体数が少なく、生息密度も低い。テレビやら本やらでありがちな冒険活劇から得たイメージにより、我々は熱帯のジャングルに行けば、そこらじゅう至るところにヘビが這《は》いずり、絡《から》まっているような気がしている。それこそ、昔の川口浩《ひろし》探検隊でいうところの、「洞窟《どうくつ》に入った途端、天井から無数のヘビが（なぜか尻尾《しっぽ》の方から）降ってくる」のような。だが、実のところ熱帯のジャングルでヘビに遭遇することなど、よほど特殊な場合でない限り滅多にない。今まで散々、東南アジアや南米、アフリカの訳の分からぬ僻地の奥へ分け入ってきた私でも、ヘビを見た記憶は数える程しかない。まあ、だからこそ油断して、万が一の確率で遭遇する致死的な毒蛇の攻撃を受けるのが恐ろしいわけだが……。

種数の多さはともかく、ヘビを実際野外にて見かける頻度で言うならば、圧倒的に熱帯よりは日本の方が高い。かつて身近に広がっていた水田、そして水路や溜池《ためいけ》は、カエルや魚といった餌動物が多く、ヘビにとって好適な生息環境だった。また、隙間の多い田舎の木造建築は、ヘビにも餌のネズミや小鳥にも住みやすい隠れ家を提供していた。特にアオダイショウは、人家周辺に住む小動物を餌として、今なお東京都心の緑地帯や寺院などでしぶとく生き残っている。とはいっても、最近の日本は宅地化が進み過ぎ、大概の種類のヘビにとって住みにくい環境になりつつある。カエルを好むヤマカガシやシマヘビには、今や郊外まで足をのばさないと遭遇することもなくなってきた。

先日、近年稀な凄まじい数のヘビを日本で見た。場所は、紀伊半島の南端に近い山奥の沢。珍しいメクラチビゴミムシを掘り出すため、大変な思いをして原付でそこまで行った。結局、本命の標的にはかすりもしない惨憺《さんたん》たる結果に終わったが、沢を遡《そ》上《じょう》する過程で5種10匹以上のヘビを見た。今日び日本の本州で、半日程度ほっつき歩いてこれだけの種数と個体数が見られることは、なかなかない。しかも、その10匹以上のうち6匹はマムシだった。真っ昼間だというのに、夜行性のマムシが沢のあちこちに、ばら撒《ま》いたようにいた。ほとんどの個体はあらかじめこちらの気配を察知し、先手を打って逃げていく姿ばかり晒《さら》していたが、1匹だけこちらに食ってかかろうとしたのがいた。かなり離れた安全な場所にトグロを巻いて鎮座していたそれは、しかしまるでシャドウボクシングよろしく、こちらに素早く首をビャッと2~3回繰り出したあと、こそこそと岩の隙間へ引き下がった。そのジャブの瞬間に奴が垣間見せた、真っ白い口の色を見た時に、なぜかふと懐《なつ》かしい感情が心の中に流れ込んできたのである。

幸か不幸か、私が片田舎の地方大学に現役で合格した2001年、それは奇《く》しくも巳年だった。その前年末近く、たまたま見た新聞の折り込みチラシに、「幸運を招く! 白蛇様の像」みたいな売り文句とともに、白いヘビをかたどった高価な石像の広告が出ていたのだ。さすがに現物を買う冒険はしなかったが、私はその石像のデザインに感服し、チラシを切り抜いて自宅の机に貼《は》った。多分、白蛇様のご加護により私は大学に受かったのだ。私の研究者としての第一歩は、実にヘビで始まった。その後、良い事も悪い事もありつつ、何だかんだで大病も患《わずら》わず（いや、一回致命的なのをやったが、おそらくへビ様のご加護で）今の今まで生き延びることができた。これからも、ヘビの尾の如く少しずつ先細りしつつも、私は細く長く生きていくのであろう。竜頭蛇尾という言葉があるが、私は頭から尾まで徹頭徹尾ヘビに始まりヘビに終わりたい所存にて御座候《ござそうろう》。

※こうは書いたものの、本当は無毒種でもみだりに咬まれるのは危険である。地べたを這《は》いずり、何にでも咬みつくヘビの口内には、破傷風菌などの危険な雑菌類が常在する場合があるから。私は定期的に破傷風ワクチンを接種しており、その上自己責任においてこうした行為に及んでいる。

リスとの遭遇

２００１年、大学進学にともない長野に移り住んだ頃、私には大いに感激したことがあった。それは、家の近所に野生のリスが生息していることだった。もともと長野はどこも野山ばかりの場所なので、必然的に人間の居住区が野生動物の行動圏と大きく重なっている。だから、家の周りで野生動物と鉢合わせをすることなど普通のことのように思えるのだが、大抵の日本の野生動物は夜行性であり、昼間その辺をふらふら歩いたところでそれらとばったり出くわす機会はまずない。そんな中、例外的に純粋な昼行性の野生動物なのがリスである（シカやイタチなども日中姿を見かける場合があるが、あいつらは夜も活動しており、純粋な昼行性とは言えない）。

初めて私が山でリスを見たのは、たしか長野移住2年目の春だった気がする。ある晴れた日、いつもの裏山へ一人で出かけた。咲き始めたカタクリの花を愛《め》で、南国から渡ってきたばかりのたどたどしいオオルリのさえずりを遠くに聞きつつ、何も考えずに山道を歩いていた。すると、いきなり上の方から「キョキョッ」と聞きなれない声が聞こえた。鳥にしては妙な声だなと思い、上を見渡してみると、目の前に立っていたアカマツの巨木のてっぺん近くに何やら黒っぽいものが見え隠れしている。ニホンリスだった。ニホンリスが、盛んにこちらを警戒しつつ様子を窺《うかが》っていたのだ。

その愛らしさに私は動きを止めて、奴をじっと見据えた。向こうは頭を下にして木の幹にピタッと張り付く体勢をとり、そのまま樹幹の裏側の方にさっと隠れた。いじらしいことに、裏に隠れておきながら、時折横顔だけをチラッチラッと出してこちらの様子を覗《のぞ》き見るではないか。かくれんぼのつもりかと、微笑《ほほえ》ましい気分になったが、しかし2〜3回横顔を出したら、奴はもうそれっきり顔を見せなくなってしまった。その後、待てど暮らせどうんともすんともいわないので、痺《しび》れを切らした私は奴が隠れている木の裏手へと回り込んでみた。

なんと驚いたことに、そこにはリスの姿が影も形もなかった。さっきまで明らかにそこにいたのに。これ以後、幾度も私は山でニホンリスに会うたびに、全く同じような経験を繰り返すことになった。どうも奴らは樹上で敵を発見すると、相手から見て裏側の樹幹に回り込んだ上、そのまま相手の死角に入りつつ幹をそっと降りてまんまとどこかへ逃げおおせるらしい。まさに忍者のような身のこなしだ。

ニホンリスは、他の多くの日本産野生哺乳《ほにゅう》動物のように、世界でも日本にしか分布していない動物だ。日本の中でも、彼らは本州と四国に限って分布する（北海道のエゾリスと、遺伝的に区別しがたいとの説もある）。九州には、かつて生息していたという説といなかったという説が拮抗《きっこう》しているようで、今なおはっきりしていない。本州では、圧倒的に東日本で生息密度が高い。

彼らは山林に数ヘクタールもの広大な行動圏を持ち、その範囲内にいくつか巣を作っている。巣は太い樹幹から張り出す太枝の付け根あたりに、小枝などを寄せ集めて球状に作ることが多い。その日によって使う巣を変えつつ、森を縦横無尽に走り回り、木の実や虫、キノコ、鳥の卵など様々なものを餌にしている。

リスというと、マンガや絵本などのイメージから木の実しか食べない大人しい草食動物と思っている人が多いが、実際には人間と同じく雑食なので、動物質のものも手近にあれば平気で食う。可愛い顔をしながら生きた虫を頭からバリバリ食い散らかすし、生きた鳥のヒナだって容赦なく食い殺す獰猛《どうもう》な一面もある。私は幼い頃、家でペットとしてシマリスを飼っていたが、彼らの雑食性を考慮してときどきアブなどの虫を採ってきて食わせていたものだった。リスはいろんなものをバランスよく食べないと、健康を維持できない。つまり、総合的にいろんな動植物が生息する環境でないと生きていけない動物なのである。

少なくとも長野県においてニホンリスは、住宅街のすぐ脇の雑木林などにも姿を現すとても身近な動物である。そのことは、森の中に落ちている動物の残した存在の証「フィールドサイン」を見れば一目瞭然《いちもくりょうぜん》だ。ニホンリスは雑食性とはいうものの、やはりクルミや松ぼっくりを好んで食う。その食い方がとても特徴的で、クルミの場合は殻を左右の合わせ目に沿って真っ二つに割り、中身を食う。松ぼっくりの場合は周りのヒラヒラを全部剝《は》がしてしまい、中心の芯《しん》の部分しか残さない。その様は、まるで小さなエビフライを思わせる。なので、森の地面に綺麗に一刀両断されたクルミの殻や、エビフライ形に削られた松ぼっくりの残骸《ざんがい》がたくさん落ちていたら、まずリスが頻繁に出入りしているエリアだと思っていい（※）。しかし、そこまで生息しているのが明白で、なおかつ身近で日中出歩く動物であるにもかかわらず、実際に彼らに狙《ねら》って遭遇するのはかなり難しい。理由は単純。ニホンリスはきわめて臆病《おくびょう》で、人間との鉢合わせを極力避けて行動しているからである。

かつて、ニホンリスは法律で狩猟獣、つまり銃や罠《わな》を使って殺していい動物に定められていた。古《いにしえ》の人々にとってリスの毛皮は、帽子や筆など様々な生活の用途に使える代物《しろもの》だったのだ。小学生の頃、私は習字の授業のために学校で毛筆を買わされたが、当時のその毛筆のパッケージ裏に書かれた原材料名に、「動物毛・豚、リス等」と書かれていたのを覚えている。きっと、あの毛筆を構成する毛の一部には、ニホンリスの毛皮からひん剝いたものも混ざっていたのだろう。また、毛皮を剝ぐだけではなく、単純に食用としても捕獲していたようだ。

近年、ニホンリスは全国的に個体数が激減してしまったため、もう狩猟獣からは外されている。けれども、長きにわたり人間に追い回され、殺されてきたせいで、ニホンリスは徹頭徹尾人間を敵視しているらしい。一番活動が活発なのは、まだ人間が起きて活動しだす前の早朝。日が高くなると、活動をやめて樹上の巣へ戻り眠ってしまう。なので、日中何も考えずに生息地の森をほっつき歩いても、なかなか彼らには遭遇できない。

そうかと思えば、北海道のエゾリスはニホンリスほど人を恐れない。エゾリスとて、かつては狩猟獣として相当狩られていたと聞くが、今や市街地の公園では餌付《えづ》けされているようで、かなり人間のそばまで寄ってくる。さらに人里離れた山奥へ行くと、人間を見慣れていないのかあまり逃げようとしない。同じく人間から迫害されてきた身で、人間に対する反応がこうも違うというのも面白い。

そんな感じで警戒心のすこぶる強いニホンリスだが、こちらが一切関心を向けていない時には、驚くほど大胆な行動に出る場合がある。かつて、裏山のアカマツ林を通り抜ける道の脇にしゃがみ込み、オサムシを観察していた時があった。たしかその場に20分くらいうずくまって、ひたすら地べたの虫を見ていたのだが、ふと何か後ろで気配を感じて、何となく振り向いた。そうしたら、私の尻《しり》のすぐ後ろに、ニホンリスが座ってこちらをじっと見つめているではないか。何も知らずに後ろに尻もちをついたら、確実に尻で下敷きにするくらいのポジションにいた。虫を後ろから見つめる人間を後ろから見つめるリスという、マンガみたいな構図の一隅を、図らずも占めてしまっていたわけである。

「!?」

私も驚いたがあちら様もかなり驚いたようで、しかしとっさの事態に何をどうしたらいいのか分からなかったらしい。バツの悪いそぶりを見せつつも、リスはゆっくりそこから歩いて離れ、道脇の草むらに消えていった。

別の日、雑木林の縁で大木の根元にできたアリの巣を観察していた時にも、気づいたらすぐそばまでこちらの様子を見にきていたことがあった。彼らは森の中においては明白に場違いな雰囲気で、なおかつ自分に対して即時必滅の敵意を向けていないものに対しては、むしろ好奇心を持って近づいてくるらしい。それが一体何者なのか、見定めずにはおれないのだろう。

そういえば昔読んだ外国の野外サバイバル術の本で、森の中に脱ぎ捨てた靴（だったか、もしくは洋服）を転がしておき、そのすぐ近くの茂みで鞭《むち》のように弾力性のある枝をギリギリしならせて、リスを待ち伏せするというハンティングの方法が書いてあったのを覚えている。靴に興味を示したリスが樹上から降りて近づいてくるので、射程に入った瞬間、枝をはじいて叩き殺す。猟銃も特殊な罠も使わず、出来合いの装備でまんまと食料を捕らえられるというものだった。この本には、他にも「森には鶏《とり》肉《にく》そっくりの味のキノコが生えている」とか、「腐った動物の肉もウン時間煮込めばとりあえず食える」とか、本当かよ？　と思わずツッコミを入れたくなる情報が満載だった。しかし、何より一番印象に残った一節は「山で獣は、食いつなぐため我々から食料を奪い取ろうと寄ってくる。ならば逆に、我々が獣から餌を力ずくで奪い取り、食いつなぐことだって可能だ」だった。

いずれにしても基本的に、野生のリスはこちらから追うとまずまともに観察できないと思っていい。リスが足しげくやってくる場所を見定めた上で、あらかじめそこで待っていればいずれやってくるので、これを観察するほうがはるかに効率は良いのだ。

とはいえ、リスはとにかく気まぐれな奴である。たとえフィールドサインを見つけて、そこに来るということが分かったとしても、いったい「いつ」来るのかが分からない。先述の通り、リスは朝方に活動的になるとはいうものの、朝方いくら待っていてもー向にやってこないということはしょっちゅうある。極寒の真冬、わざわざ老体（というにはまだ早いか……）に鞭打って日も明けやらぬ刻に早起きし、自転車をこいで裏山へと向かい、薄暗い森の中でガタガタ震えながら座してリスを1時間でも2時間でも待ち続け、その結果何も来なかった時の辛《つら》さ空《むな》しさといったらない。そのため、リスを見たいと思ったならば、多少とも自分の足で探し回らねばならない局面も多い。そんな時、一つ頼りになるものがある。彼らが出す食事の音だ。

リスはクルミが好物であり、巧みに固い殻を割ってその中身を食うわけだが、さしものリスにとってもクルミの殻を割る作業というのは一筋縄ではいかない。人が食用に供するため植栽している軟弱なカシグルミならいざしらず、野生のオニグルミの実などは信じがたいほど殻が固い。ほぼ石ころと変わらない、凶悪な固さだ。昔のアニメなどに出てくる不良やヤンキーは、オニグルミらしきクルミの実をいつも片手に2〜3個握っていたが、あれは恐らく敵の前で固いクルミを握りつぶしてみせて握力を誇示する意味合いがあるのだろう（というより、実際に素手でオニグルミの実を握りつぶせる人間など存在するのだろうか？）。だから、リスがクルミを割るのは人間が缶詰のプルタブを引いてパカッと開けるほど簡単にはいかず、「調理」にはそれなりに時間がかかる。

彼らがクルミの殻を割る手順は決まっていて、まず左右の殻の合わせ目にそって歯で削っていく。そうして溝を刻んだら、そこに前歯を差し込み、テコの原理でパキッと殻を合わせ目に沿って割る。この手順は、どうやら昆虫のように生まれた時から本能的に備わっている行動ではなく、練習を重ねてだんだんうまくなるらしい。うまく合わせ目に穴を開けなければ、殻は決して二つに割れないので、ニホンリスが頻繁に姿を現すクルミの木の周辺では、しばしば表面に縦横無尽に奇妙な削り痕《あと》が走り、結果割れていないクルミの実が落ちている。これは、まだ割り方をマスターしていない若い個体が死に物狂いで頑張った末、あきらめて捨てたものであろう。そんな感じで、未熟リスも熟練リスも、多少ともクルミの実を二つに割るのには時間を要するため、その間クルミを齧る音を森中に盛大に響かせてしまうのだ。まるで虫か何かが鳴いているような、ジッジジッ……という音を出すため、虫が活動しない冬や早春には特によく聞こえる。この音が樹上から聞こえてきたら、静かにその場にしゃがんで動かずじっとする。そうすれば、きっと音のする方向の枝のどこかに、黒ずんだ獣がちょこんと座っている様を認めることができるだろう。野生の生き物と触れ合うためには、まさしく五感（と第六感）をフルに駆使しなければならないのだ。

日本の本土ではこんな風に観察の至難なリスだが、海外に行くと驚くほど簡単に、市街地で野生のリスが見られる。私が虫の研究で足しげく通うマレーシアやタイなどでは、排ガスと喧騒《けんそう》に満ちた都市部のちょっとした緑地帯に、当たり前にリスが住んでいる。時には交通渋滞で無数の自動車が詰まった高速道路を眼下に見下ろしつつ、その上に通された電線を軽やかに伝い走っていくリスの様を見かけることもある。「鼠《ねずみ》、江戸を疾《はし》る」という時代劇があったが、リスはクアラルンプールやバンコクを走るのだ。

ある時、マレーシアのとある街のホテルに泊まった。朝、ホテルの玄関を出たすぐ目の前の街路樹に、綺麗な模様のリスが来ているのをみとめた。リスは細い枝先を器用に渡り、木の枝の先端に実っていた果実を取っていたのだが、面白いことに奴はすぐさま足で枝にコウモリの如《ごと》くさかさまにぶら下がり、その格好のまま果実を食い始めたのだ。人間がこんな体勢で物を飲み食いしたなら、即刻盛大にリバースしてしまいそうだが、リスは平気らしい。

実のところ、これは賢いやり方である。細い枝の上に留まろうとすると、常に体のバランスを取り続けねばならないので、餌も落ち着いて食えないだろう。しかし、逆に枝の裏にぶら下がるのであれば、足の爪《つめ》を枝に引っ掛けてさえいれば決して落ちる心配はないのだ。理にかなっている食事作法と言える。言えるのだが……いっそそこからもっと太くて安定した大木の枝まで運んでから食うという選択肢はなかったんだろうか。それとも、その場で食わずにはおれないほど、腹が減っていたのだろうか。そう思いつつ私は、物を食いづらそうな体勢に甘んじて意地でも食事を続けようとするあいつを見続けていたのだった。

※なお、ハシボソガラスもしばしばクルミを高所から落として割って食べ、その過程で殻が真っ二つに割れることがあるため、一見リスがやったのかカラスがやったのか紛らわしい場合がある。しかし、リスの仕業であれば殻の縁に必ず歯で削った跡が付いている。また、カラスの割ったクルミの殻は、その高所から落として割るという手法上、固いコンクリートの路上などでしか見られないのが普通だ。

この裏山の片隅で

人の手で海外から持ち込まれた外来種の生物が、日本の生態系にさまざまな負の影響を与えているという内容のニュースを、しばしばテレビや新聞で目にする機会はあるだろう。リスの世界においても、それは例外ではない。近年、日本国内にもともと分布していなかった種のリスが持ち込まれ、国内に定着する事例が目に付く。有名なのは伊豆大島や鎌倉のタイワンリスだ。その名の通り、台湾をはじめ東南アジア各地に広く分布する外国のリスで、外見が愛くるしいので一昔前に日本各地の観光施設に客寄せ目的で持ち込まれて飼われていた。それがあちこちで逃げ出して、野生化してしまったのだ。

タイワンリスは外見こそ可愛らしいが、かなりいたずら好きでしかも攻撃的な動物である。タイワンリスに関しては、私がまだずっと幼かった頃からすでに、植栽されたツバキのつぼみやら電線やらを齧ってしまうなどの被害が、テレビで取りざたされていたのを覚えている。他にも野鳥の巣を襲ってダメにしてしまうなど、生態系保全の面からも問題視されている。しかし、タイワンリスは何せ見た目が可愛らしく、表だって殺処分しようとか駆除しようとすると各方面から「可哀想《かわいそう》だからやめろ」などと反発がくるため、なかなか進まない。しかも、よかれと思って餌付けするような人々もいるため、当分日本からタイワンリスがいなくなる日はこないだろう。まさに、「かわいいは正義」だ。

タイワンリスの場合、それでも露骨に人間の日常生活に支障をきたすような働きがある分、一般社会に注目されている方であろう。しかし、他にも注目されていないながらタイワンリス以上に不穏な働きをなそうとしている外来リスが、この国に存在するのだ。

2012年の、秋も深まったある日のこと。当時まだ長野に住んでいた私は、原付バイクで行きつけの高原地帯の一角を走っていた。だいたい10月後半にもなると、標高のそれなりに高いこの界隈では虫が軒並み姿を消してしまう。しかし、この肌寒い時期に限って現れる珍しいガなどがいるため、時間を作ってはわざわざ麓《ふもと》から様子を見に通っていたのだ。沢沿いの石を起こせば、サンショウウオやゴミムシの少し変わったものが見つかる場合もあるし、氷河期の生き残りとも呼ばれるトワダカワゲラの成虫を見つけるにもいい。何より、この時期は美しい山々の紅葉が見られる。

幼い頃、秋の終わりに箱根に旅行に行ったことがあるが、その時は山全体がとにかく茶色くウンコみたいに汚らしかった。多分、あまりにも遅い時期に行ったせいで冬枯れの状態だったのかもしれないが、生まれて初めて見た「秋の山の景色」がそれだったため、私は紅葉というものがメディアの作りだした単なる幻想にすぎないのではないかと、ずっと思っていた。そう、長野に移り住むまでは。長野に来て、私は初めて紅葉の美しさを知った。山全体が、一様にオレンジや黄色になる様は壮観だ。松本市街からも遠く山の染まっている姿自体は見られるが、実際に自分がその中へ分け入るとまた格別である。

閑話休題。

私は山で用事を済ませたあと、家に向けて原付バイクで一気に秋の山を下った。色とりどりの落ち葉が舞い散る中、林内の道路を能天気に走っていく。と、その時だった。私の目の前に、何か小さなものが突然パッと飛び出した。

シマリスだった。視界に入ったのはごく一瞬のことだったが、明るい褐色の地に黒い数本の線が見え、私は即座にそれがシマリスであると認識できた。驚いた私は瞬時に避けようとしてハンドルをひねった。からくも紙一重のところでリスを避けるのには成功したようだったが、たまたまハンドルをひねったその場所が、おりからの秋の長雨で湿った落ち葉の堆積したカーブ道だった。滑る落ち葉にタイヤがスリップしてバランスを崩し、私はその場でバイクごと派手に横転した。幸い後続車はおらず、二次的な事故にはならなかった。バイクも片側のウインカーランプが割れた程度で、私も骨を折ったり頭を打ったりなどの致命傷は負わずに済んだ。しかし、転倒時に体の右側から倒れこみ、それを反射的に右手でかばおうとしたため、右手をかなりひどく擦りむいた。いや、アスファルトの路面に自らの肉体を直《じか》に押し付け、大根の如く磨《す》り下ろしたと言ったほうが正しい。結果、皮の剝げた手から大量の血をボタボタ垂らしつつ、痛みに耐えて再び原付を家まで走らせねばならなかった。傷はその後化膿《かのう》して治るのにかなりの日数を要し、今なお私の右手の甲の小指付け根には、当時の痕がケロイド状に残り続けている。

しかし、そんな私の怪我《けが》のことなどはどうでもよい。日本の野生動物に詳しい人ならば、この話を読んで何かおかしいことに気がつくだろう。そう、シマリスがなぜ長野の山にいるのかということだ。元々日本国内でシマリスが分布するのは、北海道だけである。そのシマリスが、なぜか本州の長野に生息しているのだ。

どうやら、ペットとして人間に飼われていたものが逃げたか、あるいは意図的に捨てられたものが野生化し、繁殖してしまっているらしい。少なくとも、私が長野に移り住み始めた2001年時点ではすでに長野の野山でしょっちゅう見かけたし、それよりもずっと昔から山中でよく見ていると大学の先輩が話していたのを覚えている（ちなみに、日本でペットとして流通しているシマリスは主に朝鮮半島などユーラシア大陸産の個体群である）。

足しげく通ってきた長野の裏山では、2010年あたりを境にシマリスとの遭遇頻度が急激に上がった気がする。個体数は、おそらく10年前などに比べれば格段に増えていると思う。私は今のところ、本州においては長野でしかシマリスを見たことがないが、少し調べてみると、他にも岐阜や新潟といった幾つもの都道府県でも定着が確認されているそうである。なお、元々在来のシマリス個体群がいる北海道においても、ペット用の外来シマリスが放たれてしまっているらしい。

私は、この状況をとても危惧《きぐ》している。可愛いシマリスが山にたくさん増えて何が悪いのかと、大抵の人間は思うに違いない。しかし、もともと日本国内において北海道以外にシマリスがいなかったという歴史的事実は、極めて重大だ。逆に言えば、本州以南にはシマリスがいなかったおかげで今日まで生き残ることができた小動物だっているはずなのだから。

例えば、ヤマネ（ニホンヤマネ）という小動物がいる。見た目はリスとネズミの中間のような姿をした、とても可愛らしい獣である。日本にしか分布しない上に、これと比較的近縁な仲間もユーラシア大陸とアフリカの一部にしか現存しておらず、学術的に貴重な動物のため国の天然記念物にも指定されている。

そもそもヤマネ科の動物の起源は古く、かつては世界中に広く分布し種数も多かったことが、化石により判明している。しかし、時代の流れと共に各地で姿を消してしまい、現在ヤマネ科の動物は先述の3地域にしか生き残っていないのである。殊《こと》に日本産のヤマネは、現存するヤマネ類の中でも特に系統的に古いタイプの生き残りであり、とにかく現在まで生き残ってきたこと自体が奇跡のような動物なのだ。

日本産のヤマネは、餌《えさ》や行動圏がシマリスのそれと非常に似通っており、しかもシマリスよりずっと小柄で力も弱い。だから、ヤマネは生きる上で必要な資源を巡ってシマリスと競合する可能性がとても高く、かつ競合すれば必ず負けるのは想像にかたくない（ちなみに、本土在来のニホンリスは根本的にシマリスとは活動する樹高が重ならず、生活スタイルもかなり違うので直接的な競合は起きないと思う）。そんなヤマネが今まで日本に生き残ってこられた理由の一つとして、彼らがシマリスの分布しないエリアに分布していたことが挙げられるだろう。

日本においてヤマネは本州以南に分布しており、シマリスのいる北海道にはいない。北海道にヤマネがいない理由が、もともと地史的に侵入したことがないせいなのか、大昔には分布していたがシマリスとの戦いに敗れて滅びたせいなのかは、私は知らない。しかし、本州以南にシマリスがいなかったことは、ヤマネにとって生存にひじょうに有利に働いたに違いない。何千年、何万年にわたり保たれてきたその安泰が、人間によるたかだか数十年単位の行為により、崩れ去るかもしれない時期に差し掛かっている。

人間が野に放ったシマリスがこれ以上増えてしまえば、ヤマネはいずれ餌や住処《すみか》を奪い取られて絶滅してしまうかもしれない。シマリスによる直接的な攻撃はもとより、間接的な影響も心配だ。外国から来たシマリスの体内には、外国の獣に取りついている寄生虫や病原菌がいる可能性がある。それらが寄主たるシマリスとともに日本の野山に蔓延《まんえん》したら、免疫《めんえき》のない日本のヤマネやネズミ達に致命的な影響が及ぶかもしれない。実際、私がシマリスを見かけている長野の山塊では、ヤマネの生息も確認している。以前は、樹幹に取りつけられた小鳥用の巣箱を開けると時々ヤマネが入っているのを見たが、シマリスを特に高頻度で見かけるようになったこの4～5年間という

長野県松本市内で見たシマリス。この写真だけ見ると「自然の中に息づく美しき生命」だが、こいつがそこにいる時点で既に自然でも何でもない。

ヤマネ。日本固有の愛らしい獣。直接的か間接的かはともかく、日常的にシマリスに殺されている可能性が疑われる。

もの、ヤマネの生息を一度も確認できていない。今や信州の山を歩いている時に、あの「チフッチフッ」という耳の鼓膜に突き刺さるようなシマリスの警戒音を聞くたびに、つい舌打ちをしてしまう。

長野のシマリスは、長野にいてはならない。今のうちに全て野山から絶やすべきである。外来種絡みの問題でこういうことを言うと、「よそから連れてこられた動物に罪はない、連れてきた人間が悪いのだ」という者が必ず現れる。

確かにそのとおりである。しかし、だからといって連れてこられたその外来種がそのままそこに居続け、そのせいで在来の生物が蹂躙《じゅうりん》され、絶滅していくのがよいなどという理屈は、決して通らない。今、そこにそこ独自の生態系ができあがっているのは、何か知らないが適当にそうなったからではない。これまで地球上の歴史の中で起こった、様々な気候的・地理的・生物的な変化が重なりに重なった結果、今そこにあるべくしてあるのだ。いわば、生態系は地球史の履歴書といっても過言ではない。人間の世界で言う歴史的建造物の法隆寺に日光東照宮だって、当時の様々な文化、宗教その他いろんな要因が積み重なった結果として、各々《おのおの》あるべき場所に建立《こんりゅう》・造営され、現在まで守り継がれてきたではないか。ならば人間の作った歴史的建造物などよりずっと昔から連綿と築き上げられ、成立していった生態系だって、同じく守り継がれて然《しか》るべきだろう。生態系を乱す原因を作ったのが人間ならば、その後始末をきっちりつけるのも、また人間がやるべきことである。シマリスが可哀想だからなどと言ってこのまま何もしなければ、今度は元々そこにあるべき八百万《やおよろず》の生き物達が可哀想な目に遭うのだから。私の尊敬する、とある知り合いの学者は、「外来生物は罪はないが害はある」と言っていたが、本当にその通りだと思う。

と、言いながらも実のところ、あの時バイクの前に飛び出してきたシマリスを、とっさに避けずそのまま轢《ひ》き殺してしまえば体よく外来種の駆除になったわけだし、何よりも私自身アスファルトで己の肉体を磨り下ろさずに済んだのである。しかし幼い頃、家でシマリスを長年飼育していた経験を持つ私には、そんなことはできなかった。口先では生態系を守って云々《うんぬん》と偉そうなことを言いがちな私も、まだまだ情に流されるたちである。

あとがき

私は大学進学後から、これまで信州に九州、そして関東と居場所を転々としてきた。その間にも、常に居住区のそばのどこかしらに「裏山」を見出《みいだ》し、そこへ通っては生き物達と触れ合ってきた。地下空隙《くうげき》の探索など、それまで発想すらしなかったような視点から「裏山」にアプローチするようにもなった。「裏山」も「裏山」で、幸か不幸か環境の変化によって、従来見られなかった生き物が出没するようになってきた。「裏山」も私も、常に変わり続けており、不変ではない。だから、同じ「裏山」に何回通おうが、必ず何らかの新発見があり、永遠に飽きることはないのだ。果たして、今日はどんな新発見があるのだろうか。大いなる期待と、一抹の不安を抱いて、今日も「裏山」へ向かおう。

本書執筆に当たり、酒井周様、島本晋也様、林成多様、伴光哲様、丸山宗利様、八

木真紀子様、坂本佳子様、島田拓様、原有助様には、各種昆虫に関する情報をご提供頂き、また写真撮影にご協力頂いた。この場を借りて厚く御礼申し上げる。

解　説

ヤマザキマリ

昆虫学者には、子供の頃からちょっと憧《あこが》れていた。人生で初めて親に買ってもらった本も昆虫の図鑑だったが、とにかく時間さえあれば当時暮らしていた北海道の原生林の中に潜って、全身傷だらけになりながら昆虫採集に勤《いそ》しんでいた。自分の周りには昆虫好きの男子友達がたくさんいたが、捕まえてきた昆虫の個体それぞれに名前をつけて、家で放し飼いをしていたのは私くらいだった。おかげで家族の誰かに踏み潰《つぶ》されるという気の毒な死を遂げた虫たちも少なくなかったが、ある日堪忍袋《かんにんぶくろ》の緒が切れた母に「もうこれ以上虫を家にばらまくな!!」と怒鳴り散らされるまで放し飼いは続けられていた。

母子家庭の鍵《かぎ》っ子育ちの私は、家でじっと留守番をしているよりも、生命反応を感じられる外で過ごしているほうが心強かったし、何より昆虫と一緒に過ごしていると、人間という生態を担う責任感や義務のようなものから逃れられるような解放感があった。

　昆虫とは何せ意思の疎通《そつう》が全くかなわない。我が家には11年生きている金魚がいるが、長い間人間に飼われていると僅《わず》かながらであっても知恵がつくようで、ここ数年餌《えさ》を欲する時に私に対して媚《こ》びるような泳ぎ方をするようになった。片や私が現在飼育している2度も越冬をした長寿クワガタは容赦ない。先日など餌の樹液ゼリーをやろうとした私の指を敵と捉《とら》え、大顎《おおあご》で挟んで放さなかった。絶叫するほどの痛さに、指を選ぶか、クワガタの命を選ぶか、絶体絶命の選択に迫られるも、クワガタごと手を一瞬水に浸して問題解決。指には穴が空いてしまったが、昆虫にとってはそんなことはどうでもいいことであり、私はむしろ、それだからこそ昆虫が好きなのである。

　お会いしたこともない小松さんに、無礼な主観をお許しいただきたいが、おそらくこの方も子供の頃からどこか変わっていると思われてお育ちになったはずで、読めば読むほどまるで子供だった頃の、昆虫採集仲間のひとりと接しているような心地になった。と同時に、昆虫に対し我を忘れたかのような熱意を注ぎまくる変態性を発揮する一方で、そんな自分をどこか面白おかしく俯瞰《ふかん》で捉えている視点が稼働《かどう》していることにも、強い共感を覚えずにはいられなかった。

　変わりものでありながらも、社会的な立ち位置を認識できている、そのバランス感覚の維持は実はなかなか難しい。時々テレビ番組の屋外での撮影中に、つい道の脇《わき》の草むらに目が行ってしまい、葉っぱをめくって昆虫探しをしてしまうことがある。ディレクターから「ヤマザキさーん、そろそろよろしいでしょうか」と声をかけられて我に返るわけだが、そんな時、漫画家という想像力を原料としている生業《なりわい》が、彼らの私への対応をどこか寛大にしてくれているように感じる。

この本を読み始めて間もなく、私は「この方はもしや漫画やラノベやアニメがお好きなんじゃないだろうか」という気配を察した。用いられている表現や単語の端々に、どことなくそういった種類の読書経験の気配が潜んでいるように感じていたら、72ページの冒頭でしっかり自己申告されていた。

私が子供の頃、テレビは見過ぎると尻尾《しっぽ》が生えてくると言われ、漫画も教育にはよろしくないものという風潮がまだ強く残っていたが、考えてみればそういった想像力への刺激の規制は、この世界の様々な多様性を封じ込めてしまう要因にもなり得ていたはずだ。

しかしこうしたメディアの他にゲームなどバーチャルな異次元世界との接触が当たり前に浸透している現代においては、昆虫好きであることも、あの頃ほど窮屈な思いをしないで済むのかもしれない。テレビでも人気歌舞伎《かぶき》役者がカマキリのかぶりもの姿で昆虫を捕らえようと網を振り回している番組が、公共放送の地上波で放送されたりしているわけだから、昆虫好きは以前より市民権を得られているようだ。そして小松さんは、そんな時代に馴染《なじ》むアプローチ力を持った昆虫学者なのだと思う。

私がふだん懇意にしている昆虫好きの知り合いも皆、おおむね世間から変わりものとカテゴライズされる人々であり、中にはアジアの山奥に移り住んで、昆虫に人生を捧《ささ》げながら暮らしているような人もいる。彼らは人間至上主義的視点で物事を見たり考えたりしない。この世に生まれてきたからには何らかの偉業を為《な》し遂げ、世間から賞賛され、自分への誇りに満たされた生き方をしたい、などという野心に払うエネルギーがあったら、問答無用で昆虫採集に集中力を注ぐような人たちである。彼らはみな人間という容器を魂の入れ物として授かりはしたものの、中身は飄々《ひょうひょう》と地球と連動して生きている昆虫みたいな人たちだ。昆虫ばかり見て生きていると、自分たちが人間であることを忘れて昆虫みたいになってしまう傾向があるのかもしれない。

異質な人間との接触にもたじろがず、日常に予定調和的展開も望まない。昆虫の視点で生きていれば、空気など読まなくても平気になってくる。群れに適応しない存在は、社会的規定や調和を乱す厄介者とされる可能性も十分高いが、昆虫好きは、自分たちの昆虫的要素を主張したり、同調や承認を求めるような行動に出ることもないから、それほど目立たないという美点もある。ホモサピエンスは地球上最も支配欲の強い生物だが、昆虫好きはそういった意味ではちょっと毛色の違うホモサピエンスなのだと思う。

ただ、学者という専門家である場合、もちろん研究結果を学会で発表しなければならないし、常に新しい発見を追い求める必要もあるだろう。私のようなズボラな人間にはなかなかハードルの高い世界だが、でもそういった学者がいなければ、こちらも昆虫についての情報を更新することができない。小松さんのように研究者でありながら、人間とも昆虫とも良い距離感を保ちつつ、マニアックさを心地よいエンターテイメント性あふれる文章で綴《つづ》れる才能を持った方が、未来の昆虫好きたちを先導していくのだろう。

最後に、実は私はカラスが大好きで、家にはたくさんカラスの形をしたものがある。本書にもかかわらず、カラスと仲良しになるという夢がいまだに実現できていない。本書で最も小松さんを羨《うらや》ましいと感じたのは、実は彼のカラスとの関わりかただった。私も今年の夏はセミの死骸《しがい》を集めてカラスお近づき大作戦を実行してみようと思う。

（令和四年五月、漫画家）

この作品は二〇一八年四月新潮社より刊行された『昆虫学者はやめられない　裏山の奇人、徘徊の記』に加筆し、再編集したものである。

川上和人著

鳥類学者
無謀にも恐竜を語る

『鳥類学者だからって、鳥が好きだと思うなよ。』の著者が、恐竜時代への大航海に船出する。笑えて学べる絶品科学エッセイ！

川上和人著

鳥類学者だからって、
鳥が好きだと思うなよ。

出張先は、火山にジャングルに無人島。遭遇するのは、巨大ガ、ウツボに吸血カラス。鳥類学者に必要なのは、一に体力、二に頭脳？

二宮敦人著

最後の秘境　東京藝大
—天才たちのカオスな日常—

東京藝術大学——入試倍率は東大の約三倍、けれど卒業後は行方不明者多数？　謎に包まれた東京藝大の日常に迫る抱腹絶倒の探訪記。

ブレイディみかこ著

ぼくはイエローで
ホワイトで、
ちょっとブルー
Yahoo!ニュース｜本屋大賞
ノンフィクション本大賞受賞

現代社会の縮図のようなぼくのスクールライフは、毎日が事件の連続。笑って、考えて、最後はホロリ。社会現象となった大ヒット作。

國分功一郎著

暇と退屈の倫理学
紀伊國屋じんぶん大賞受賞

暇とは何か。人間はなぜ退屈するのか。スピノザ、ハイデッガー、ニーチェら先人たちの教えを読み解きどう生きるべきかを思索する。

稲垣栄洋著

一晩置いたカレーは
なぜおいしいのか
—食材と料理のサイエンス—

カレーやチャーハン、ざるそば、お好み焼きなど身近な料理に隠された「おいしさの秘密」を、食材を手掛かりに科学的に解き明かす。

北杜夫著

どくとるマンボウ
昆虫記

虫に関する思い出や伝説や空想を自然の観察を織りまぜて語り、美醜さまざまの虫と人間が同居する地球の豊かさを味わえるエッセイ。

北杜夫著

どくとるマンボウ
航海記

のどかな笑いをふりまきながら、青い空の下を小さな船に乗って海外旅行に出かけたどくとるマンボウ。独自の観察眼でつづる旅行記。

日高敏隆著

春の数えかた
日本エッセイスト・クラブ賞受賞

生き物はどうやって春を知るのだろう。虫たちは三寒四温を計算して春を待っている。著名な動物行動学者の、発見に充ちたエッセイ。

日高敏隆著

ネコはどうして
わがままか

生き物たちの動きは、不思議に満ちています。さて、イヌは忠実なのにネコはわがままなのはなぜ？　ネコにはネコの事情があるのです。

養老孟司
宮崎駿著

虫眼とアニ眼

「一緒にいるだけで分かり合っている」間柄の二人が、作品を通して自然と人間を考え、若者への思いを語る。カラーイラスト多数。

養老孟司
隈研吾著

日本人は
どう死ぬべきか？

人間は、いつか必ず死ぬ――。親しい人や自分の「死」とどのように向き合っていけばよいのか、知の巨人二人が縦横無尽に語り合う。

国分拓著　ヤノマミ

大宅壮一ノンフィクション賞受賞

僕たちは深い森の中で、ひたすら耳を澄ました——。アマゾンで、今なお原初の暮らしを営む先住民との150日間もの同居の記録。

深田久弥著　日本百名山

読売文学賞受賞

旧い歴史をもち、文学に謳われ、独自の風格をそなえた名峰百座。そのすべての山頂を窮めた著者が、山々の特徴と美しさを語る名著。

小澤征爾著　ボクの音楽武者修行

〝世界のオザワ〟の音楽的出発はスクーターでのヨーロッパ一人旅だった。国際コンクール入賞から名指揮者となるまでの青春の自伝。

奥野修司著　魂でもいいから、そばにいて
—3・11後の霊体験を聞く—

誰にも言えなかった。でも誰かに伝えたかった——。家族を突然失った人々に起きた奇跡を丹念に拾い集めた感動のドキュメンタリー。

近藤雄生著　吃音
—伝えられないもどかしさ—

話したい言葉がはっきりあるのに、その通りに声が出てこない。当事者である著者が問題に正面から向き合った魂のノンフィクション。

最相葉月著　絶対音感

小学館ノンフィクション大賞受賞

それは天才音楽家に必須の能力なのか？　音楽を志す誰もが欲しがるその能力の謎を探り、音楽の本質に迫るノンフィクション。

小倉美惠子著　オオカミの護符

「オイヌさま」に導かれて、謎解きの旅へ
――川崎市の農家で目にした一枚の護符を手がかりに、山岳信仰の世界に触れる名著！

大野　晋　著　日本語の年輪

日本人の暮しの中で言葉の果した役割を探り、言葉にこめられた民族の心情や歴史をたどる。日本語の将来を考える若い人々に必読の書。

金田一春彦著　ことばの歳時記

深い学識とユニークな発想で、四季折々のことばの背後にひろがる日本人の生活と感情、歴史と民俗を広い視野で捉えた異色歳時記。

小山鉄郎著
白川　静監修　白川静さんに学ぶ　漢字は楽しい

私たちの生活に欠かせない漢字。複雑で難しそうに思われがちなその世界を、白川静先生に教わります。楽しい特別授業の始まりです。

黒田龍之助著　物語を忘れた外国語

『犬神家の一族』を英語で楽しみ、『細雪』のロシア人一家を探偵ばりに推理。言語学者にして名エッセイストが外国語の扉を開く。

鳥飼玖美子著　歴史をかえた誤訳

原爆投下は、日本側のポツダム宣言をめぐるたった一語の誤訳が原因だった――。外交の舞台裏で、ねじ曲げられた数々の事実とは!?

加藤陽子著
それでも、日本人は「戦争」を選んだ
小林秀雄賞受賞
日清戦争から太平洋戦争まで多大な犠牲を払い列強に挑んだ日本。開戦の論理を繰り返し正当化したものは何か。白熱の近現代史講義。

石井光太著
浮浪児1945-
―戦争が生んだ子供たち―
生き抜きたければ、ゴミを漁ってでも食べ物を見つけなければならなかった。戦後史の闇に葬られた元浮浪児たちの過酷な人生を追う。

佐藤優著
国家の罠
―外務省のラスプーチンと呼ばれて―
毎日出版文化賞特別賞受賞
対ロ外交の最前線を支えた男は、なぜ逮捕されなければならなかったのか？ 鈴木宗男事件を巡る「国策捜査」の真相を明かす衝撃作。

武田砂鉄著
紋切型社会
ドゥマゴ文学賞受賞
「うちの会社としては」「会うといい人だよ」……ありきたりな言葉に潜む世間の欺瞞をコラムで暴く。現代を挑発する衝撃の処女作。

仲村清司著
沖縄学
―ウチナーンチュ丸裸―
「モアイ」と聞いて石像を思い浮かべるのはヤマトンチュ。では沖縄人にとってはなに？ 大阪生れの二世による抱腹絶倒のウチナー論。

山田ルイ53世著
一発屋芸人列伝
編集者が選ぶ雑誌ジャーナリズム賞受賞
ブームはいずれ終わる。それでも人生は続く。一発屋芸人自ら、12組の芸人に追跡取材。それぞれの今に迫った、感涙ノンフィクション。

萩尾望都著
聞き手・構成 矢内裕子
私の少女マンガ講義
『ポーの一族』を紡ぎ続ける萩尾望都が「日本の少女マンガ」という文化を語る。世界に誇るその豊かさが誕生した歴史と未来――。

山口謠司著
文豪の凄い語彙力
的皪・薫風・瀟々・蒼惶・慨嘆……。近現代の文豪の言葉を楽しく学んで、大人の教養と表現力が身につくベストセラー、待望の文庫化。

網野善彦著
歴史を考えるヒント
日本、百姓、金融……。歴史の中の日本語は、現代の意味とはまるで異なっていた！ あなたの認識を一変させる「本当の日本史」。

いとうせいこう著
ボタニカル・ライフ
―植物生活―
講談社エッセイ賞受賞
都会暮らしを選び、ベランダで花を育てる「ベランダー」。熱心かついい加減な、「ガーデナー」とはひと味違う「植物生活」全記録。

清　邦彦編著
女子中学生の小さな大発見
疑問と感動こそが「理科」のはじまり――。現役女子中学生が、身の周りで見つけた「不思議」をぎっしり詰め込んだ、仰天レポート集。

太田和彦著
超・居酒屋入門
はじめての店でも、スッと一人で入り、サッときれいに帰るべし――。達人が語る、大人のための「正しい居酒屋の愉しみ方」。

白石あづさ著　世界のへんな肉

キリン、ビーバー、トナカイ、アルマジロ……。世界中を旅して食べた動物たち。かわいいイラストと共に綴る、めくるめく肉紀行！

土井善晴著　一汁一菜でよいという提案

日常の食事は、ご飯と具だくさんの味噌汁で充分。家庭料理に革命をもたらしたベストセラーが待望の文庫化。食卓の写真も多数掲載。

西村　淳著　面白南極料理人

第38次越冬隊として8人の仲間と暮した抱腹絶倒の毎日を、詳細に、いい加減に報告する南極日記。日本でも役立つ南極料理レシピ付。

平松洋子著　おいしい日常

おいしいごはんのためならば。小さな工夫から愛用の調味料、各地の美味探求まで、舌が悦ぶ極上の日々を大公開。

千松信也著　ぼくは猟師になった

山をまわり、シカ、イノシシの気配を探る。ワナにかける。捌いて、食う。33歳のワナ猟師が京都の山から見つめた生と自然の記録。

高野秀行著　謎のアジア納豆
―そして帰ってきた〈日本納豆〉―

納豆を食べるのは我々だけではなかった！タイ、ミャンマー、ネパール、中国。知的で美味しくて壮大な、納豆をめぐる大冒険！

伊与原 新著
月まで三キロ
新田次郎文学賞受賞
わたしもまだ、やり直せるだろうか——。ままならない人生を月や雪が温かく照らし出す。科学の知が背中を押してくれる感涙の6編。

小川洋子著
博士の愛した数式
本屋大賞・読売文学賞受賞
80分しか記憶が続かない数学者と、家政婦とその息子——第1回本屋大賞に輝く、あまりに切なく暖かい奇跡の物語。待望の文庫化！

赤川次郎・新井素子
石田衣良・荻原浩
恩田陸・原田マハ著
村山由佳・山内マリコ
吾輩も猫である
明治も現代も、猫の目から見た人の世はいつだって不可思議。猫好きの人気作家八名が漱石の「猫」に挑む！ 究極の猫アンソロジー。

梨木香歩著
家守綺譚
百年少し前、亡き友の古い家に住む作家の日常にこぼれ出る豊穣な気配……天地の精や植物と作家をめぐる、不思議に懐かしい29章。

綿矢りさ著
手のひらの京《みやこ》
京都に生まれ育った奥沢家の三姉妹が経験する、恋と旅立ち。祇園祭、大文字焼き、嵐山の雪——古都を舞台に描かれる愛おしい物語。

津村記久子著
この世にたやすい仕事はない
芸術選奨新人賞受賞
前職で燃え尽きたわたしが見た、心震わすニッチでマニアックな仕事たち。すべての働く人の今を励ます、笑えて泣けるお仕事小説。

昆虫《こんちゅう》学者《がくしゃ》はやめられない

新潮文庫　こ－76－1

令和四年七月一日発行

著者　小《こ》松《まつ》貴《たかし》
発行者　佐藤隆信
発行所　株式会社新潮社

郵便番号　一六二―八七一一
東京都新宿区矢来町七一
電話　編集部(〇三)三二六六―五四四〇
　　　読者係(〇三)三二六六―五一一一
https://www.shinchosha.co.jp

組版／新潮社デジタル編集支援室
価格はカバーに表示してあります。
乱丁・落丁本は、ご面倒ですが小社読者係宛ご送付ください。送料小社負担にてお取替えいたします。

印刷・大日本印刷株式会社　製本・加藤製本株式会社

ISBN978-4-10-104121-6 C0145